Pour une agriculture mondiale productive et durable

Michel Petit
avec la collaboration de Pascal Tillie

Éditions Quæ
RD 10
F – 78026 Versailles Cedex

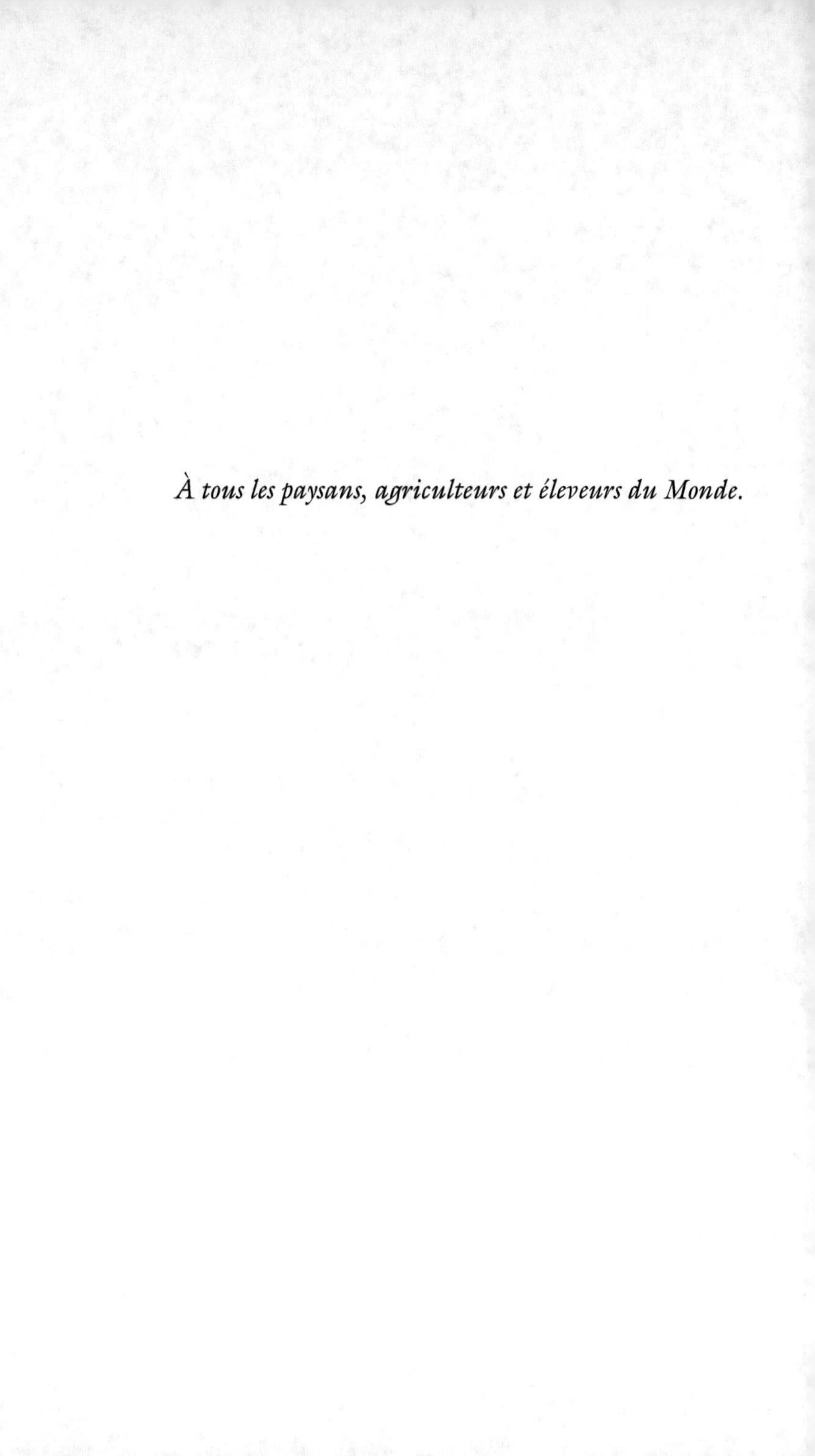

À tous les paysans, agriculteurs et éleveurs du Monde.

Sommaire

Trois débats à clarifier aujourd'hui

Introduction

Le rôle de la science et de la technologie en agriculture est devenu très controversé au cours des années récentes. Il est vrai que les excès du « productivisme » ont entraîné des dommages écologiques : pollution des eaux et des sols, pertes de biodiversité, contribution au réchauffement climatique par les émissions de dioxyde d'azote (NO_2) liées à l'utilisation massive des engrais azotés. Par ailleurs, diverses crises au cours des décennies récentes, notamment celle de la vache folle, ont accru l'inquiétude des consommateurs, particulièrement en Europe, quant à la sécurité sanitaire des aliments provenant de filières alimentaires de plus en plus industrialisées. On s'interroge même sur la responsabilité de l'agriculture moderne dans les menaces très sérieuses qui pèsent sur les abeilles. Mais l'opinion publique est-elle allée trop loin ? En dénonçant le « productivisme », est-on amené à oublier l'importance de la productivité ? Convaincu que le balancier du débat public est effectivement allé trop loin, particulièrement dans les pays riches, je souhaite montrer qu'on ne peut pas sacrifier, pour l'avenir, les progrès de la productivité sur l'autel de la durabilité. Ce qu'il faut promouvoir, c'est à la fois les progrès de la productivité et l'impératif de durabilité. Et, à mes yeux, c'est la modernisation raisonnée de l'agriculture dans le monde qui offre le meilleur espoir de dépasser les contradictions réelles et potentielles entre ces deux objectifs. Convaincre le lecteur du bien-fondé de cette affirmation est le principal objet de cet essai.

La modernisation de l'agriculture recouvre deux aspects liés mais différents, qu'il faut bien distinguer : d'une part, l'exploitation des opportunités résultant des développements scientifiques et technologiques et, d'autre part, la transformation des unités de production agricole, communément appelées en France « exploitations agricoles ». On sait que celles-ci ont des formes et des tailles très variées à travers le monde. Disons d'emblée que le principal défi concerne les très nombreuses petites exploitations paysannes, principalement de subsistance, donc peu insérées dans les circuits marchands. Leur modernisation est difficile, mais, du fait de leur nombre et des limites aux perspectives d'emploi en dehors de l'agriculture dans de nombreux pays pauvres ou même dans la plupart des pays émergents, les ignorer serait passer à côté du principal problème dans la lutte contre la pauvreté. En outre, l'expérience passée de nombreux pays, notamment en Asie, montre qu'une modernisation très rapide de l'agriculture impliquant des exploitations de taille très réduite s'est produite dans de nombreux pays. Fidèle à une longue tradition intellectuelle, illustrée notamment par Theodore Schultz, qui reçut en 1979 le prix Nobel en économie, notamment pour son ouvrage fondamental intitulé *Transforming Traditional Agriculture* (Schultz, 1964), je considère que cette transformation est au cœur du processus de modernisation évoqué ici et, à mon avis, cantonner la définition de l'agriculture moderne à celle qui serait uniquement mise en œuvre par des grandes unités de production fortement capitalistiques, familiales ou non, serait une grave erreur. Des centaines de millions de personnes, environ deux milliards, vivent en effet de l'agriculture aujourd'hui, et les réalités démographiques sont telles que ce nombre ne diminuera pas rapidement au cours des prochaines décennies ; il est même probable qu'il augmentera dans de nombreux pays, notamment en Afrique. De ce fait, les enjeux économiques et sociaux d'une modernisation de la petite agriculture y sont considérables.

Revenant aux développements scientifiques et technologiques, ils sont au cœur de la différence essentielle entre agriculture moderne et agriculture traditionnelle. C'est en effet l'adoption de pratiques productives résultant directement et explicitement des développements scientifiques et technologiques, autrement dit les produits de processus de recherche et développement analogues à ceux des autres secteurs productifs, qui définit la modernisation de l'agriculture. Une telle affirmation n'est pas contradictoire avec la reconnaissance de caractéristiques spécifiques au secteur agricole : difficultés de la maîtrise totale de processus de production fondés sur des phénomènes biologiques soumis aux aléas climatiques, grand nombre d'unités de production autonomes, dispersées dans l'espace, etc. Mais la base scientifique des pratiques agricoles modernes est indéniable et essentielle à leur développement.

Pour démontrer le rôle crucial que devra jouer la modernisation de l'agriculture au cours des prochaines décennies, il faut d'abord faire le bilan de ce qu'a été ce rôle au cours des décennies précédentes. Deux approches complémentaires seront utilisées : en premier lieu, un examen des tendances passées pour quelques indicateurs quantitatifs globaux à l'échelle mondiale, puis l'analyse de la performance de l'agriculture dans quelques cas spécifiques. La première approche montrera que les progrès de productivité, directement liés à la modernisation de l'agriculture, ont joué un rôle central pour assurer une croissance de la production agricole supérieure à la croissance démographique, y compris dans les pays en développement. Cependant, les indicateurs environnementaux montrent que cette modernisation de l'agriculture a eu des effets contrastés sur l'environnement, certains étant très négatifs. D'une façon plus générale, la modernisation de l'agriculture a eu des conséquences négatives, certes non voulues mais néanmoins réelles, et il importe de reconnaître ces impacts négatifs si l'on veut les éliminer, ou au moins les minimiser, à l'avenir. La deuxième approche, celle des études de cas spécifiques, nous permettra de dépasser les limites des indicateurs globaux. La diversité des agricultures du monde est en effet considérable et ne peut pas être reflétée par des indicateurs globaux. Par ailleurs, la complexité des interactions entre les multiples variables à prendre en compte pour caractériser une situation agricole en un lieu donné à un moment donné est considérable également, et aucun indicateur global ne peut capturer cette complexité. Quelques études de cas très divers (les progrès de l'agriculture chinoise depuis l'abolition des Communes en 1979, le développement du coton *Bt* en Inde, celui des *Cerrados* au Brésil, les progrès de l'agriculture en Afrique de l'Ouest, les débats français sur les excès du productivisme agricole) me permettront d'illustrer la diversité et la complexité des processus en cours dans chacune de ces transformations, le rôle essentiel qu'y a joué la modernisation de l'agriculture et l'existence de conséquences certes non voulues, mais parfois très négatives et souvent objets de polémiques.

Dans une dernière partie, nous examinerons trois controverses actuelles : le développement des cultures OGM, l'utilisation des pesticides et le risque de marginalisation de nombreux petits paysans pauvres, avant de conclure par une évaluation d'ensemble aussi nuancée que possible de la contribution passée de la modernisation de l'agriculture et de son potentiel pour l'avenir.

Que disent
les tendances
mondiales ?

Replacé dans le contexte de l'histoire humaine, le succès de l'agriculture mondiale au cours des dernières décennies est impressionnant, dans les pays en développement comme dans les pays développés. Il y a trente ou quarante ans, les doutes sur la capacité de l'humanité à se nourrir elle-même étaient légion. Pourtant, au cours des décennies qui ont suivi, la production alimentaire mondiale a crû plus rapidement que la population. Ce constat est notoirement valable dans les pays en développement. Certes, la situation actuelle est loin d'être satisfaisante : les émeutes de la faim qui ont éclaté en 2008 dans de nombreux pays ou encore le passage en quelques années seulement du nombre de personnes sous-alimentées dans le monde, comptabilisées par l'Organisation des Nations unies pour l'alimentation et l'agriculture (FAO), de 800 millions à plus d'un milliard aujourd'hui nous rappellent que les tendances globales de la production ne sont pas suffisantes pour caractériser les questions d'alimentation dans toute leur complexité. La sécurité alimentaire, qui ne prend tout son sens que lorsqu'elle est évaluée à l'échelle du ménage ou même de l'individu, n'est pas uniquement assurée par une quantité d'aliments disponibles dans le monde supérieure à la demande. Elle est au moins autant déterminée par des problèmes de répartition géographique, économique ou sociale. Mais, même si la disponibilité alimentaire globale n'est pas une condition suffisante pour assurer la sécurité alimentaire de tous, elle est nécessaire. En période de pénurie, ce sont en effet les plus faibles et les plus pauvres qui sont les plus vulnérables.

Toute interprétation des tendances passées de la production mondiale est confrontée à des difficultés méthodologiques qu'il est essentiel de bien appréhender si l'on veut éviter de tomber dans les pièges intellectuels habituels, sources de polémiques stériles. La production agricole est un concept qui recouvre en fait des productions de diverses natures — animales ou végétales — et dont l'importance relative diffère d'une région du globe à une autre. Rien qu'un produit en apparence aussi simple que le blé, cultivé sur tous les continents, recèle en fait de nombreuses différences, à commencer par la distinction entre le blé dur utilisé pour les semoules, pâtes et couscous, et le blé tendre dont on tire principalement des farines panifiables. Généralement, les économistes agrègent ces diverses productions en un indicateur unique de production agricole totale, exprimée en dollars ou dans toute autre unité monétaire. Ce nombre est obtenu en multipliant les quantités physiques (tonnes, litres, boisseaux, etc.) de chaque produit par leur prix. Un tel procédé implique toutefois de choisir un prix unique pour chaque produit, ce qui n'est pas trivial.

Une autre méthode communément utilisée pour agréger des catégories de produits homogènes telles que les céréales consiste à additionner des quantités physiques. Cela revient à supposer qu'une tonne de blé dur est équivalente à une tonne de blé tendre, mais aussi à une tonne d'orge ou encore à une tonne de maïs. Cette approche n'est pas strictement exacte, mais permet souvent d'effectuer des approximations raisonnables. En revanche, une telle agrégation n'est pas envisageable pour des produits de nature très différente. Ainsi, une tonne de blé n'est pas équivalente à une tonne de pommes ou de viande de bœuf, ni pour sa valeur nutritionnelle, ni pour sa valeur financière ou pour toute autre grandeur.

Finalement, une autre technique d'agrégation fréquemment utilisée est l'équivalence calorique. Ce procédé consiste à pondérer chaque produit agricole par sa contribution aux besoins énergétiques du régime alimentaire humain.

Cette approche présente l'avantage de permettre l'agrégation de tous les produits agricoles en un seul indicateur, sans avoir à recourir à un système de prix commun dont la pertinence n'est jamais absolue. Cependant, la principale faiblesse de cette méthode est qu'un régime alimentaire sain n'est pas uniquement fondé sur la satisfaction de besoins caloriques, mais également d'un certain nombre d'autres nutriments. Généralement, les analyses reposant sur l'équivalence calorique tendent ainsi à sous-estimer l'importance diététique des produits d'origine animale et des fruits et légumes.

Au total, aucun indicateur global du volume de production n'est, on le voit, entièrement satisfaisant. Cette difficulté cruciale doit être gardée à l'esprit lorsque l'on passe aux indicateurs de productivité qui, comme on le verra, sont essentiels pour débattre de l'avenir de l'agriculture dans le monde. On sait en effet que tout indicateur de productivité est un ratio dont le numérateur est un volume de production. Faute d'indicateur universel pour le volume de production, on doit en considérer plusieurs et choisir le plus pertinent en fonction de l'analyse que l'on veut en tirer. Dans la partie suivante, nous examinerons la croissance de la production céréalière en utilisant un indicateur de quantités physiques. Cette approche met en évidence les gains de productivité considérables réalisés depuis les années 1950. Nous reviendrons également sur les récentes controverses ayant entouré l'infléchissement, souvent observé depuis quelques années, de la courbe des rendements céréaliers. Pour finir, nous tenterons de dépasser le cadre des analyses uniquement cantonnées aux céréales en recourant à une unité de mesure calorique afin d'étendre notre propos à l'ensemble des produits agricoles, ouvrant ainsi la voie à une discussion sur l'évolution de la productivité totale des facteurs, indicateur plus complet de la productivité que les rendements par hectares qui sont des mesures de la productivité moyenne de la terre, c'est-à-dire une « productivité partielle » dans le vocabulaire des économistes.

La production céréalière augmente régulièrement

Les céréales jouent un rôle essentiel dans le régime alimentaire de la plupart des pauvres de la planète. Généralement, l'augmentation des revenus d'un ménage entraîne une modification de la composition de sa ration alimentaire, la part des produits d'origine animale — lait, œufs et viande — s'accroissant. Or les animaux consomment des quantités de céréales plus importantes encore. Par conséquent, la consommation totale de céréales augmente avec l'accroissement des revenus des populations, bien que la consommation humaine directe de produits à base de céréales (pain, graine de couscous, pâte, riz, tortilla) par tête diminue. La figure 1 montre l'évolution comparée de la production et de la consommation céréalière totale dans le monde entre 1970-1971 et 2008-2009 ainsi que le niveau annuel des stocks de fin de campagne.

La tendance générale de l'évolution de la production de céréales est une croissance régulière en dépit de variations interannuelles qui s'expliquent principalement par les aléas climatiques. La production a doublé au cours de cette période de trente-huit ans, ce qui représente un taux de croissance annuel moyen de 2,5 %, soit substantiellement supérieur au rythme de la croissance de la population mondiale (environ 2 % par an).

Le doublement de la production céréalière s'explique essentiellement par une augmentation des rendements, la surface totale dévolue aux céréales n'ayant crû que d'environ 10 % au cours de cette période de trente-huit ans. L'accroissement de la productivité a donc été le moteur principal de la croissance de la production de céréales. Au sens strict, le rendement par hectare correspond à la productivité moyenne de la terre, que

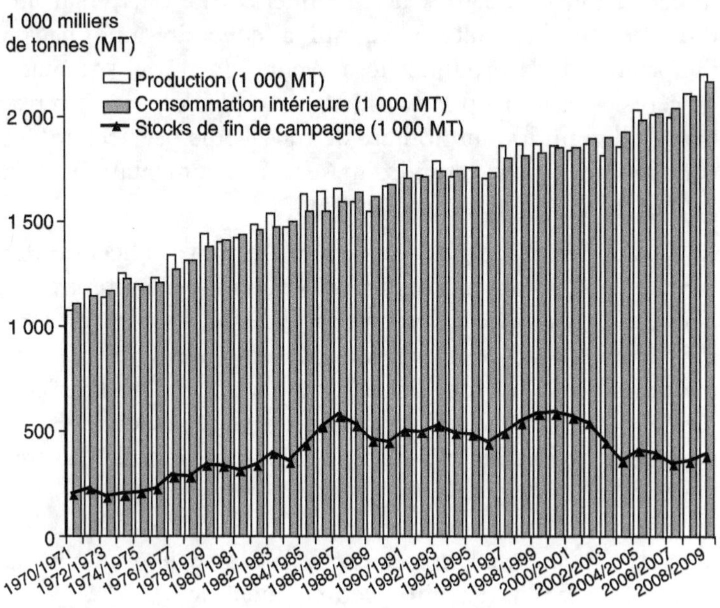

Figure 1. Production, consommation et stocks mondiaux de céréales, 1970-2009.
Source : FAOSTAT

l'on désigne également par « productivité partielle », comme indiqué ci-dessus, afin de souligner le fait que la terre est seulement l'un des facteurs de production, ou intrant, que l'on combine pour obtenir un produit final. Parmi les autres intrants utilisés, citons les engrais chimiques et les pesticides — bien que l'intensité de leur usage ait généralement diminué dans les pays développés au cours des deux dernières décennies —, un meilleur contrôle des adventices et des agents nuisibles, des variétés plus productives et une amélioration des pratiques agronomiques, notamment en matière de travail du sol. La diffusion de ces pratiques culturales a été facilitée par la généralisation de l'usage de machines agricoles plus puissantes et mieux conçues (tracteurs, charrues, semoirs, moissonneuses-batteuses, etc.) dans de nombreux pays. Ces progrès de la mécanisation ont permis de diminuer les besoins en main-d'œuvre de l'agriculture, ce qui a engendré une hausse importante de la productivité moyenne du travail (quintaux de céréales produits par travailleur), modifié le rapport terre-travail (diminution du nombre de travailleurs par hectare), et contribué dans une moindre mesure à l'augmentation de la productivité de la terre (rendement).

Ainsi, l'augmentation du rendement moyen à l'hectare des céréales, que nous venons d'identifier comme le moteur principal de la croissance du volume total de production, est elle-même le résultat de nombreux facteurs reliés entre eux de multiples façons et tous liés à la modernisation de l'agriculture. Comme on le verra, certains des développements liés à la modernisation ont eu des conséquences non voulues mais très négatives. Ces conséquences négatives suggèrent que l'augmentation des rendements n'est peut-être pas sans limites. Le débat récent sur le ralentissement de la hausse des rendements donne encore plus d'acuité à cette inquiétude.

La progression des rendements céréaliers fléchit

Depuis quelques années, l'infléchissement de la courbe de croissance des rendements, observé dans de nombreuses régions, suscite des préoccupations et fait l'objet de vifs débats. Comme la question est d'importance pour les perspectives d'avenir, il importe de bien comprendre la nature des controverses. Tel est notre principal objectif ici. Alston *et al.* (2009) ont récemment présenté des données soutenant l'idée selon laquelle « les rendements globaux du maïs, du riz, du blé et du soja ont rapidement augmenté entre 1961 et 2007 : les rendements moyens du maïs et du blé dans le monde ont tous deux été multipliés par 2,6, tandis que ceux du riz et du soja ont été multipliés par 2,2 et 2,0, respectivement. Cependant, pour ces quatre cultures, dans les pays développés comme dans les pays en développement, le rythme d'accroissement des rendements a été plus lent entre 1990 et 2007 qu'entre 1961 et 1990 ». D'après leur analyse, le rendement du blé est passé d'un taux de croissance annuel de 3 % à 0,5 %, celui du riz de 2 % à 1 %, celui du maïs de 2,3 % à 1,9 %, et enfin celui du soja de 1,9 % à 1,2 %. Les auteurs constatent également que ce ralentissement de la croissance des rendements céréaliers s'observe dans plus de la moitié des pays cultivant ces quatre produits. Fuglie (2008), en utilisant quasiment les mêmes données issues de la FAO, arrive aux mêmes ordres de grandeur pour des périodes légèrement différentes : un déclin du taux moyen de croissance annuelle pour toutes les céréales de 2,3 % pour la période 1970-1989 à 1,35 % pour la période 1990-2006.

En revanche, Westhoff (2010), qui se fonde sur des données du ministère de l'Agriculture américain (*United States*

Department of Agriculture, USDA), finalement très comparables à celles de la FAO, souligne que ce ralentissement est beaucoup moins évident lorsque l'on examine la courbe retraçant l'évolution des rendements au cours du temps (figure 2). En quantités absolues, cette évolution s'apparente fortement à une ligne droite, ce qui indiquerait une augmentation régulière et continue des rendements exprimés en volume. Une telle évolution implique cependant bien une diminution du taux d'accroissement des rendements (taux de croissance annuel, en pourcentage de l'année précédente), mais présenté sous cet aspect, ce ralentissement apparaît moins dramatique que dans d'autres études.

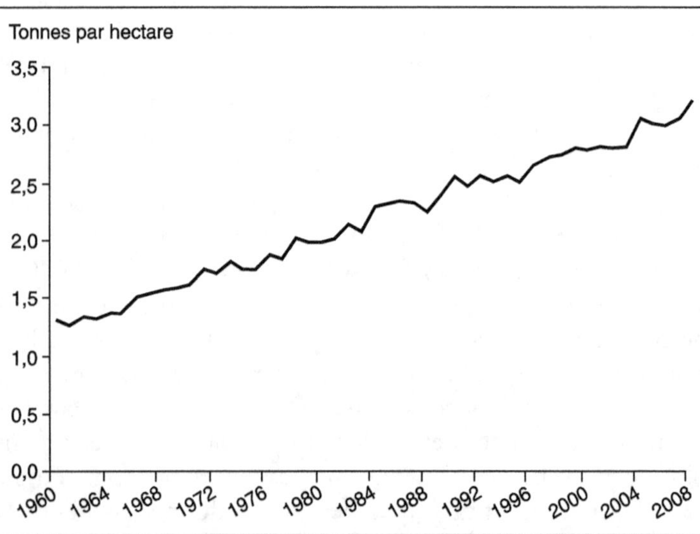

Figure 2. Rendement mondial moyen des principales céréales.
Source : Calculs de Westhof (2010) sur la base des données de juin 2009, incluant le blé, le maïs, le riz, le sorgho, l'orge, l'avoine, le mil et les céréales mélangées.

Pour approfondir cette question, il est cependant nécessaire de dépasser le cadre d'analyse de la productivité partielle d'un seul facteur de production, la terre, pour l'élargir à la productivité totale des facteurs. Cela implique également de regarder au-delà des seules céréales pour s'intéresser aux tendances de la production agricole totale.

La production alimentaire progresse plus vite que la population

À partir des données de la FAO, et notamment celles des bilans alimentaires, de production et d'utilisation de produits, les auteurs d'une étude prospective française, appelée *Agrimonde* (Paillard *et al.*, 2010), ont utilisé un outil quantitatif, Agribiom, conçu par Bruno Dorin. Agribiom est basé sur une unité d'équivalence énergétique disponible par jour (gigakilocalorie par jour) et permet de construire un indicateur agrégeant l'ensemble des produits susceptibles de contribuer à l'alimentation humaine[1].

Ces produits ont été classés en cinq catégories correspondant à des modes de production différents :
– productions végétales ;
– produits issus d'animaux ruminants, tels que le lait, la viande de bœuf ou de mouton ;
– produits issus d'animaux monogastriques, tels que les porcs, les œufs et les volailles ;
– produits issus d'eau douce ;
– produits issus d'eau marine.

---

1. La plupart des données utilisées proviennent de sources FAO, en particulier des bilans alimentaires et des comptes de disponibilités et d'utilisations. Ces données comportent des limites bien connues et documentées, mais il n'existe pas réellement de source alternative. Par conséquent, elles alimentent tous les débats économiques portant sur des questions globales. On peut raisonnablement espérer que les vérifications de la cohérence des données réalisées par la FAO et par les chercheurs du Centre de coopération internationale en recherche agronomique pour le développement (Cirad) à l'occasion de l'étude *Agrimonde* citée ici ont rendu les ordres de grandeur des résultats de cette étude suffisamment robustes. Or ce sont ici les ordres

L'examen des variations de la contribution de ces cinq grandes catégories de produits entre 1960 et 2003 (Paillard *et al.*, 2010 : 256) montre que les productions végétales fournissent l'essentiel des besoins alimentaires dans l'ensemble des régions du monde, y compris dans les pays les plus riches de l'Organisation de coopération et de développement économiques (OCDE). L'accroissement considérable de la production alimentaire mondiale apparaît également clairement : il a été multiplié par 2,5 au cours des quarante-deux années allant de 1961 à 2003, ce qui représente un taux de croissance annuel de 2,2 %, tandis que dans le même temps la population mondiale croissait en moyenne de 1,7 % par an. Le fait que la production alimentaire ait crû plus vite dans les pays en développement que dans les pays développés est une autre information importante donnée par cette étude (le taux de croissance annuel moyen pour les pays de l'OCDE est inférieur à 2 %, et il est nul pour les pays de l'ancienne Union soviétique). À titre de comparaison, la croissance moyenne des disponibilités alimentaires sur cette période est de 2,4 % par an en Afrique sub-saharienne, de 3,4 % en Amérique latine et de 3 % en Asie et pour la région Afrique du Nord-Moyen-Orient.

À l'échelle mondiale, l'analyse révèle que la principale source de croissance provient des gains de productivité, puisque la surface totale cultivée n'a progressé que de 13 % au cours de cette période de quarante-deux ans, et celle des surfaces pâturées de 11 %. En d'autres termes, les hausses de rendement expliquent 89 % de l'augmentation de la production alimentaire mondiale réalisée au cours de cette période.

---

de grandeur qui nous intéressent. En outre, cet indicateur n'est pas, en toute rigueur, une estimation de la production agricole totale, mais une estimation des disponibilités alimentaires totales. Il existe donc un certain degré d'approximation lorsque l'on passe de l'un à l'autre. Nous pensons que la source d'erreur ainsi introduite ne remet pas non plus en cause les ordres de grandeur résultant de ces calculs.

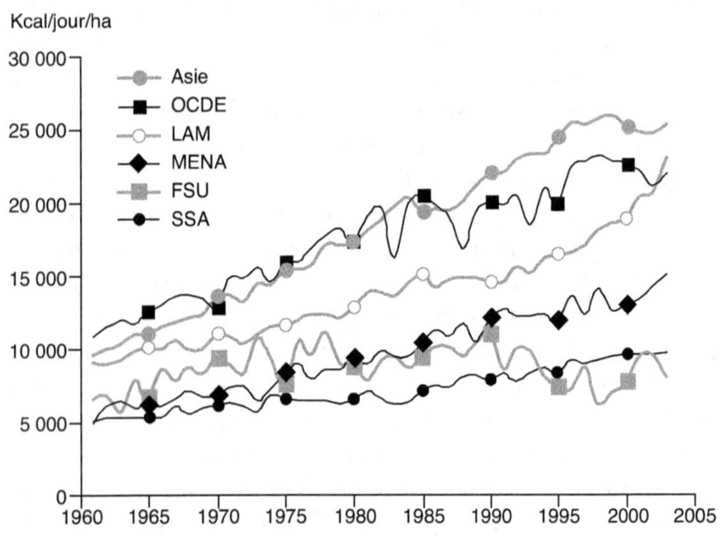

Figure 3. Production alimentaire par hectare et par région (kcal/jour/ha), avec SSA pour Afrique au sud du Sahara; LAM pour Amérique latine et région caraïbe; FSU pour ancienne Union Soviétique; MENA pour Moyen-Orient et Afrique du Nord.
Source : Calculs Agribiom à partir de données de FAOSTAT

Les comparaisons entre régions sont également très instructives. La figure 3, qui représente l'évolution de la production alimentaire totale par hectare et par région du monde au cours de la période de quarante-deux ans, montre que l'Asie a connu l'augmentation des rendements moyens agrégés la plus rapide : ces rendements ont été multipliés par un facteur d'environ 2,5, alors qu'ils partaient d'un niveau moyen déjà très honorable de 10 000 kcal/jour/ha en 1961[2]. La courbe de la production asiatique semble toutefois atteindre un plateau après 1995. L'Amérique latine a connu le deuxième accroissement le plus important de la productivité agricole :

---

2. Exprimé en équivalent blé, ce chiffre correspond à un rendement d'environ 2,2 tonnes par hectare.

les rendements agrégés ont été multipliés par 2,3 au cours des quatre décennies qui se sont achevées en 2003, et cet accroissement a été particulièrement marqué dans les dernières années de la période considérée. À l'inverse, les pays de l'OCDE, qui avaient le rendement moyen agrégé le plus élevé en 1961, ont enregistré des performances plus modestes que l'Asie et l'Amérique latine. En effet, ce rendement n'a été multiplié que par 2 sur l'ensemble de la période d'étude, cet accroissement s'étant ralenti à partir des années 1980. En dépit de conditions naturelles délicates, la région Afrique du Nord-Moyen-Orient a connu de bons résultats puisque le rendement agrégé y a été multiplié par 2,5 entre 1960 et 2003, en partant toutefois d'un niveau assez bas. Enfin, le cas des anciens pays de l'Union soviétique est à mettre à part, au regard des profondes transformations structurelles qu'ils ont entreprises : le rendement moyen a augmenté jusqu'en 1975, puis il a oscillé autour d'un niveau stable, avant de chuter à la fin des années 1990 et de rebondir quelque peu sur la fin de la période d'étude.

Ce même indicateur éclaire également de façon nouvelle et inattendue la situation de l'Afrique sub-saharienne. La figure 3 confirme que les rendements africains sont faibles comparés à ceux des autres régions en développement. Cependant, le rendement moyen agrégé de l'Afrique a pratiquement doublé en quarante-deux ans, ce qui correspond à un rythme de croissance équivalent à celui des pays de l'OCDE. Cette conclusion peut surprendre, car l'examen de l'évolution des rendements des cultures individuelles, cités généralement, ne paraît pas aussi positif. Bien sûr, comme pour tous les indicateurs, il existe des incertitudes concernant les données à partir desquelles il est construit. Car, étant donné l'importance des pratiques d'association d'espèces et de cultures intercalaires dans les champs africains, les rendements de cultures individuelles peuvent être difficiles à estimer et à interpréter. Dans ce cas, un indicateur agrégé regroupant toutes les espèces cultivées sur une même surface peut constituer un meilleur indicateur de la productivité de la terre que les rendements de chaque culture pris individuellement. Et finalement, les performances de l'agriculture africaine apparaissent beaucoup moins mauvaises que ce que l'on entend souvent dire. Nous reviendrons sur ce point pour l'Afrique de l'Ouest dans la deuxième partie de cet essai.

Quel que soit le type d'indicateur utilisé, il apparaît clairement que dans toutes les régions du monde les rendements agricoles ont progressé de façon significative au cours des dernières décennies. Et cet accroissement des rendements représente bien la principale source de croissance de la production agricole. Comme nous l'avons déjà évoqué, différents facteurs ont contribué à cette augmentation des rendements. Les économistes les classent généralement en deux grandes catégories : accroissement de l'utilisation d'intrants par unité de surface, et amélioration de l'efficacité de la production résultant d'un progrès technique ou organisationnel. Et ils utilisent le concept de productivité totale des facteurs (PTF) pour rendre compte de l'effet de cette seconde catégorie de facteurs, relevant du progrès technique et organisationnel.

La productivité des facteurs de production augmente

La productivité totale des facteurs de production se définit comme le rapport entre le total de la production et le total des intrants. Cette définition est faussement simple, étant donné d'abord la difficulté, juste évoquée, de l'agrégation de produits multiples et variés en une seule variable mesurant le volume total de la production. Ce même défi de l'agrégation devient encore plus redoutable lorsqu'il s'agit d'intégrer les différents intrants — terre, travail et tous les biens de capital — en une variable unique. La seule méthode plausible consiste à utiliser un système de pondération par les prix, mais elle s'avère délicate à mettre en œuvre dès lors que dans de nombreuses situations les marchés n'existent pas, ou sont si imparfaits qu'il n'existe pas de prix ou que la signification de ceux que l'on peut y observer est très problématique. Tel est le cas par exemple pour la terre et le travail dans les situations d'agriculture de subsistance.

Fuglie (2008), dans un article de synthèse remarquable, a bien résumé les difficultés à surmonter et les pistes pour les surmonter, ces pistes reposant sur des hypothèses théoriques concernant les processus de production. Ainsi écrit-il : « Les recherches antérieures sur la productivité totale des facteurs en agriculture ont donné des résultats ambigus. » Remarquons que cela n'est pas surprenant compte tenu des difficultés méthodologiques indiquées ci-dessus. L'auteur souligne que certaines méthodes utilisées dans ces recherches donnent des résultats qui sont « très dépendants de l'ensemble des pays inclus pour faire des comparaisons et du nombre de variables des modèles [utilisés pour faire les estimations économétriques] », alors que d'autres méthodes « requièrent davantage de données, ont été généralement limitées à des pays individuels et sont aussi très sensibles au contexte [de ces pays] ». Dans ce même article, il fournit aussi des estimations nouvelles à l'échelle mondiale et la conclusion qu'il en tire est importante : « Contrairement à l'opinion communément partagée, je n'ai trouvé aucun indice d'un ralentissement de la PTF à l'échelle de l'ensemble du secteur agricole, au moins jusqu'en 2006. Au contraire, la croissance de la PTF agricole semble plutôt s'être accélérée au cours des dernières décennies. Cependant, les résultats montrent bien un ralentissement de la croissance des investissements agricoles. En fait, l'augmentation de la croissance de la PTF compense largement la diminution de celle de l'utilisation des intrants et permet au produit réel agricole de se maintenir à un niveau de croissance de 2 % par an depuis les années 1960. Régionalement, toutefois, les performances en termes de productivité agricole ont été inégales. » Ainsi, la croissance de la productivité totale des facteurs s'est poursuivie sur un rythme constant dans les pays développés, alors même que dans ces zones, l'utilisation totale d'intrants a diminué. Les pays qui ont investi de façon conséquente dans la recherche agronomique publique, notamment le Brésil et la Chine, ont également obtenu de bonnes performances. En revanche, les pays les plus pauvres, en particulier en Afrique sub-saharienne, sont restés à un niveau de productivité très faible.

Au total, l'examen de ces indicateurs globaux de la production et de la productivité montre le rôle essentiel qu'a joué la modernisation de l'agriculture au cours des décennies récentes, permettant, grâce tout particulièrement aux progrès de productivité, une croissance plus rapide de la production de biens alimentaires que de la population. Comme nous l'avons déjà indiqué, l'agriculture moderne implique à la fois l'utilisation d'intrants tels que les produits agrochimiques, les semences améliorées et les machines agricoles, et la promotion du changement technique adossé au progrès scientifique.

Même si la distinction entre augmentation de l'utilisation d'intrants et meilleure efficacité de cet usage est relativement floue, le changement technique étant bien souvent incorporé dans les nouveaux intrants, il est clair qu'une part importante de l'augmentation des rendements agricoles moyens peut être attribuée au changement technique, comme le suggèrent les analyses basées sur la productivité totale des facteurs.

Cependant, les ressources naturelles se dégradent

Le rôle crucial des gains de productivité dans les performances de l'agriculture mondiale au cours des décennies récentes étant acquis, il convient bien sûr de s'interroger sur la durabilité à long terme des systèmes de production et des pratiques agricoles qui se trouvent au cœur des réussites passées en matière de croissance de la productivité. Les constats d'érosion et de dégradation des sols, de perte de biodiversité et de raréfaction des ressources en eau laissent penser que les pratiques passées ne pourront peut-être plus être poursuivies de façon durable dans le futur, comme certains auteurs le soutiennent depuis plusieurs années. Cependant, une analyse approfondie de ces questions dépassant largement le champ de cette contribution, nous ne traiterons brièvement que de quatre sujets : les sols, la biodiversité, l'eau et les gaz à effets de serre d'origine agricole. Nous mentionnerons un petit nombre d'indicateurs quantitatifs pour étayer nos positions qualitatives, afin de décrire les principaux défis environnementaux auxquels l'agriculture moderne fait face. Pour chacun des quatre thèmes abordés, nous soutiendrons que la modernisation de l'agriculture, même si elle a contribué à la dégradation de la situation environnementale, peut également jouer un rôle important pour corriger les erreurs du passé.

Les pertes de sol

Au cours des quatre ou cinq dernières décennies, plus de cent millions d'hectares d'habitat naturel ont été transformés en terres agricoles, engendrant une aggravation du rythme de l'érosion, les terres cultivées étant davantage soumises à ce phénomène[3]. À titre d'exemple, on estime qu'un hectare de forêt primaire perd entre 0,004 et 0,05 tonne de sol par hectare et par an, alors qu'un champ cultivé aux États-Unis peut perdre jusqu'à 12, voire 15 tonnes de terre arable par hectare en un seul épisode de forte pluie. Sous un climat tropical, des niveaux d'érosion atteignant 30 à 40 tonnes par hectare et par an ont été observés. En comparaison, la vitesse de formation des sols est comprise entre 1 et 2,5 tonnes par hectare et par an (Pimentel *et al.*, 1995). L'érosion des sols induit également des coûts supplémentaires pour la gestion des voies navigables (inondations, dragage et curage). Hawken *et al.* (1999) ont estimé le coût de l'érosion des terres arables pour les vingt années à venir aux États-Unis à 44 milliards de dollars, tandis que les dégâts à l'échelle du globe pourraient atteindre 400 milliards de dollars par an (Pimentel *et al.*, 1995).

Des estimations à l'échelle mondiale indiquent qu'environ 80 % des surfaces agricoles sont modérément à sévèrement érodées. Les terres cultivées sont plus sensibles à l'érosion, mais les pâtures peuvent également être durement dégradées en cas de surpâturage. Au total, certaines estimations font état de 1,2 milliard d'hectares qui auraient été modérément, sévèrement ou extrêmement dégradés depuis 1945 par l'agriculture, dont les quatre cinquièmes dans les pays en développement. Selon Jason Clay, ces chiffres sous-estiment l'étendue de la surface des sols dégradés, car les agriculteurs ont tendance à abandonner les terres détériorées pour s'installer sur de nouvelles surfaces. Toujours selon Jason Clay, les « surfaces ayant déjà été utilisées puis abandonnées au cours des cinquante dernières années équivaudraient à l'échelle mondiale aux surfaces agricoles actuelles ». Même si ce jugement est probablement exagéré, l'expansion de l'agriculture s'est sans aucun doute accompagnée de graves pertes de sol.

---

3. Cette section repose en grande partie sur Clay (2004).

Malgré cela, les pertes de sol auraient pu être plus importantes encore sans l'agriculture moderne. L'augmentation continue des rendements a répondu à la croissance de la demande, et a permis de limiter l'extension des terres cultivées. Concrètement, des centaines de millions d'hectares de terres supplémentaires auraient été nécessaires pour nourrir la population mondiale si les rendements avaient stagné à leur niveau antérieur, ce qui aurait engendré une augmentation considérable de l'érosion des sols. Étant donné l'amenuisement continu de la disponibilité en terres arables de la planète, les prochaines augmentations de rendement seront également nécessaires pour protéger l'environnement.

La réduction de la biodiversité

Les inquiétudes liées aux pertes de biodiversité ont été exprimées avec vigueur au cours de dernières années, notamment par les auteurs du *Millennium Ecosystem Assessment* (MEA), une entreprise majeure ayant réuni plus de 1 300 experts d'une cinquantaine de pays pour tenter de faire émerger un consensus sur les menaces pesant sur les écosystèmes autour du monde et les moyens de les mettre en échec. Quelle que soit l'opinion que l'on porte sur la valeur de ce consensus et sur la validité du diagnostic établi, force est de constater que le rapport du MEA représente une importante masse de savoir qui ne saurait être ignorée (MEA, 2005). Ses auteurs constatent que « les transformations de la biodiversité causées par les activités humaines ont été plus rapides au cours des dernières cinquante années qu'à aucun autre moment de l'histoire humaine, et les facteurs de changement qui engendrent des disparitions de biodiversité ou qui affectent la fourniture de services par les écosystèmes sont soit stables, soit ne montrent aucun signe de déclin avec le temps, soit voient leur intensité s'accroître ». La prudence du langage n'enlève rien à l'urgence de l'avertissement. Et les auteurs de poursuivre : « Entre 10 % et 50 % des groupes taxonomiques bien connus (mammifères, oiseaux, amphibiens, conifères et cycadées) sont actuellement menacés d'extinction. »

Deux mécanismes principaux ont été identifiés pour expliquer ces pertes :

– « Les principaux facteurs responsables des pertes de biodiversité et des services rendus par les écosystèmes sont les changements d'habitat (tels que changements dans les usages des sols, modifications physiques des flux dans les rivières ou dans les prélèvements d'eau dans les rivières, pertes de récifs coralliens et dommages dans les fonds marins dus au chalutage), le changement climatique, les invasions par des espèces exotiques, la surexploitation et les pollutions. » Remarquons que, même si l'agriculture n'est pas la seule activité responsable de ces changements-là, elle est souvent impliquée, directement ou non dans les processus évoqués ;

– « La diversité génétique a diminué globalement, notamment parmi les espèces domestiquées depuis 1960, un changement fondamental a eu lieu dans les caractéristiques de la diversité intraspécifique au sein des champs cultivés et des systèmes agricoles, suite à la "Révolution verte"… L'intensification des systèmes agricoles, associée à la spécialisation des sélectionneurs de semence et à l'effet harmonisateur de la globalisation, a engendré une réduction considérable de la diversité génétique des plantes et des animaux domestiques au sein des systèmes agricoles. » Ici, la modernisation de l'agriculture est au cœur des processus de détérioration.

Au total, l'agriculture moderne a eu des effets contradictoires sur la biodiversité. D'une part, comme pour les sols, l'intensification qu'elle a permise a limité considérablement l'expansion des surfaces cultivées qui aurait été nécessaire pour nourrir l'humanité et, par là même, limité les destructions d'habitats naturels qui constituent la première cause de perte de biodiversité. Mais l'agriculture moderne a aussi eu des effets négatifs : réduction de la diversité génétique des espèces domestiquées, détérioration ou destruction d'habitats naturels liée aux pollutions, et parfois introduction d'espèces invasives. Cependant, l'agriculture moderne peut aussi participer à la résolution de certains de ces problèmes, principalement au travers du développement de solutions « intensives en savoirs », notamment en savoirs scientifiques. Citons la gestion intelligente du patrimoine génétique des espèces domestiques, l'agrandissement des banques de graines, la conservation des races animales, le développement d'intrants à moindre impact environnemental et la mise en place de systèmes sophistiqués de gestion des territoires.

Les ressources en eau

L'agriculture moderne est particulièrement dépendante de la ressource hydrique, qui constitue un intrant clé de la production agricole. À l'échelle mondiale, l'agriculture est responsable de 69 % des prélèvements d'eau douce totaux, mais, dans les zones urbaines, la demande en eau à des fins d'usage industriel ou autre augmente rapidement, alimentant les préoccupations légitimes sur un possible tarissement des ressources en eau. Au cours du siècle dernier, la demande totale d'eau douce a déjà considérablement augmenté, passant de 579 km³ à 3 750 km³ par an, et cette augmentation a toutes les raisons de se poursuivre. Shiklomanov (1998), l'auteur de référence sur ce sujet, estime que les prélèvements globaux d'eau douce atteindront 5 100 km³ autour de 2025.

La surface totale des terres irriguées est passée de 47,3 millions d'hectares en 1930 à 254 millions d'hectares en 1995 (Kirda *et al.,* 1999, citée par Soth *et al.,* 1999). La production agricole a grandement profité de cet accroissement des surfaces irriguées : la moitié de la croissance de la production agricole réalisée est souvent attribuée à l'irrigation (voir par exemple Hawken *et al.,* 1999, pour la période entre le milieu des années 1960 et celui des années 1980). Les trois quarts des terres irriguées sont situés dans les pays en développement, où la part de l'eau douce destinée à l'agriculture atteint 73 %. En Asie, cette proportion se monte même à 86 %, et en Afrique à 88 %.

De nombreuses pratiques d'irrigation inadaptées, utilisées par le passé ou qui perdurent aujourd'hui, engendrent un gaspillage de l'eau : prélèvements incontrôlés dans la partie amont des bassins d'irrigation, mauvais entretien des infrastructures d'irrigation et recours insuffisant aux techniques d'économie de l'eau telles que l'irrigation au goutte à goutte. Certes, la notion de gaspillage doit être maniée avec prudence, car de l'eau non utilisée en amont devient disponible pour des usages en aval et n'est donc pas tout à fait perdue. Mais de toutes façons, il s'agit alors d'une gestion globale de la ressource très approximative entraînant souvent des dommages pour l'environnement : engorgement des sols dans les zones mal drainées, perturbation des écosystèmes dans les zones anciennement humides, dont les ressources hydriques ont été prélevées par les aménagements hydrauliques (barrages, canaux, etc.). En outre, de nombreuses pratiques agricoles qui pourraient participer à la conservation de la ressource en eau tardent à se répandre. Par exemple, le fait de laisser les sols nus après la récolte favorise l'évaporation et abaisse le taux de matière organique du sol, ce qui diminue en retour sa capacité de rétention hydrique.

En outre, dans de nombreux endroits du monde, l'eau est prélevée des aquifères plus vite qu'elle ne les réalimente, ce qui engendre immanquablement une diminution rapide du niveau des nappes phréatiques et un épuisement des stocks hydriques. Kimbrell (2002) évalue la perte annuelle à 163,6 km^3.

Il est donc urgent de s'atteler à ce que certains voient comme le spectre d'une crise de l'eau. Alors que, dans de nombreux pays, la majeure partie des prélèvements en eau est destinée à l'irrigation, notamment aux États-Unis, en Afrique du Nord, au Moyen-Orient, en Chine et en Inde, l'agriculture moderne peut apporter une contribution significative à une meilleure gestion. Il est nécessaire d'accélérer la recherche visant à développer des techniques et des équipements permettant de réaliser des économies d'eau, ainsi que des variétés plus résistantes ou tolérantes à la sécheresse. Une attention particulière doit également être portée au développement de meilleurs systèmes d'information pour la gestion améliorée des infrastructures d'irrigation. À long terme, il faudra adopter de nouvelles pratiques de gestion de l'eau, impulsées notamment par des changements institutionnels, et ne pas hésiter à utiliser largement l'outil économique de la tarification, aussi controversé soit-il, pour inciter tous les acteurs à économiser cette ressource de plus en plus rare.

Les émissions de gaz à effet de serre

On estime que l'agriculture contribue à environ un tiers des émissions de gaz à effet de serre d'origine anthropique, soit directement (principalement du méthane issu des champs de riz et du bétail ruminant, et du dioxyde d'azote, produit par les engrais), soit indirectement au travers du travail du sol, de la déforestation ou de la dégradation des forêts qui provoquent des émissions de dioxyde de carbone (CO_2).

L'agriculture moderne a contribué aux émissions de gaz à effet de serre principalement à cause de l'utilisation accrue d'engrais azotés et de la concentration des élevages qui rend la gestion des effluents plus ardue. Et pourtant, tout comme nous l'avons déjà relevé dans la partie concernant les sols, l'augmentation des rendements a aussi contribué à limiter l'extension des terres cultivées[4]. De même pour les élevages, l'augmentation de la productivité par animal a-t-elle permis

---

4. Ces émissions évitées sont loin d'être négligeables ; les auteurs d'une étude récente (Burney *et al.*, 2010) les estiment à un tiers du total des émissions anthropiques de gaz à effet de serre depuis le début de la révolution industrielle au XIXe siècle.

de freiner la croissance du nombre de ruminants, et donc de limiter les émissions de méthane.

Les deux leviers potentiels d'atténuation des émissions les plus importants en agriculture sont une meilleure gestion forestière (éviter la déforestation, promouvoir l'afforestation et la reforestation, développer l'agroforesterie) et une meilleure gestion du méthane et du protoxyde d'azote. Des programmes de recherche et développement dédiés ainsi qu'une meilleure gestion de l'eau sont également souhaitables. La séquestration du carbone dans les sols s'obtient en augmentant leur teneur en matière organique, ce qui améliore aussi leur fertilité. Il est important de souligner qu'un grand nombre de ces bonnes pratiques reposent sur une utilisation intensive de connaissances, ce qui est en phase avec la modernisation de l'agriculture.

Les trois quarts des émissions globales de gaz à effet de serre d'origine agricole ont lieu dans les pays en développement, et le plus grand potentiel d'atténuation des émissions des secteurs agricoles et forestiers, en lien avec l'utilisation des sols se situe aussi dans les pays en développement. De plus, de telles mesures d'atténuation des émissions agricoles des pays en développement coûteraient un quart à un tiers du coût total des actions d'atténuation de tous les secteurs et de toutes les régions du monde, alors qu'elles généreraient entre la moitié et les deux tiers des réductions d'émissions estimées. Ces évaluations rendent encore plus souhaitable la modernisation de l'agriculture dans les pays en développement, en raison des bénéfices additionnels évidents en matière de sécurité alimentaire et de réduction de la pauvreté.

Poursuivons la modernisation de l'agriculture, mais gérons aussi les risques pour l'environnement

Quelles leçons peut-on tirer de ces indicateurs globaux pour apprécier le rôle de la modernisation de l'agriculture ? Comme indiqué ci-dessus, la modernisation de l'agriculture inclut à la fois l'introduction de nouveaux intrants — tels que les engrais et les pesticides, de nouvelles semences et souvent le développement du machinisme agricole — et la promotion du progrès technique fondé sur les nouvelles connaissances scientifiques. Dans bien des cas, la distinction entre plus d'intrants et une plus grande efficacité de ces intrants, aussi utile qu'elle soit sur le plan conceptuel, n'est pas nette, car souvent le progrès technique est incorporé dans les nouveaux intrants. Mais il n'y a pas de doute qu'une part importante des accroissements de productivité peut néanmoins être attribuée au progrès technique, comme l'a montré notre discussion ci-dessus de la productivité totale des facteurs de production. Et beaucoup de ces développements relèvent de la modernisation de l'agriculture, sans que celle-ci soit limitée aux grandes exploitations agricoles fortement capitalistiques. Nous reviendrons en détail ci-dessous sur ce point important. Il suffira de dire ici que les progrès de l'agriculture en Asie, dont on a vu qu'ils avaient été très rapides, ont été réalisés dans des agricultures dominées par les petites, voire très petites, exploitations agricoles. Dans le cas asiatique, on sait que les intrants « modernes » et le progrès technique, fondé sur les avancées scientifiques, ont joué un rôle crucial. Certes, les progrès en Afrique n'ont pas été aussi rapides mais, comme on le verra ci-dessous, on relève suffisamment de succès ici ou là pour ne pas désespérer de la situation et penser que la modernisation de la petite agriculture africaine est possible et a beaucoup à offrir pour l'avenir.

Cependant, il ne faut pas se voiler la face et ignorer les conséquences négatives qu'a engendrées la modernisation de l'agriculture. Celles-ci doivent être bien identifiées et analysées si l'on veut les éviter ou les minimiser à l'avenir. Tout développement implique des risques qui doivent être évalués et comparés aux bénéfices potentiels. Dans cette analyse, il faut bien sûr être attentif à la distribution des bénéfices et des coûts. On retrouve là les ingrédients classiques de la gestion des risques dans toutes les sociétés, et l'on sait que cette gestion soulève de vives controverses, notamment dans les sociétés modernes (Beck, 2001). Je reviendrai sur ce point important dans la troisième partie de cet essai.

Dans le domaine de la modernisation de l'agriculture, comme dans beaucoup d'autres, il faut être précis et bien tenir compte des situations nationales et locales. Des indicateurs globaux ne sont pas suffisants pour cela. Je me propose donc dans la deuxième partie de cet essai d'examiner quelques cas spécifiques, de nature variée, pour mieux illustrer les bénéfices de la modernisation de l'agriculture et mieux en analyser les conséquences négatives, conséquences qui font souvent l'objet de controverses, qu'il importe de bien comprendre pour éclairer le choix des actions futures.

Les actions à mener
sont locales
et diversifiées

Les études de cas présentées dans cette partie ont été choisies de façon à être représentatives d'une grande variété de situations, que ce soit sous l'angle des conditions géographiques, celui de la portée du processus de modernisation de l'agriculture ou encore de l'étendue de la zone géographique envisagée. Reconnaissons avant de commencer deux limites de cette approche : le choix des études de cas présentées comporte une dose d'arbitraire, et cet ensemble de cas est généralement, mais pas exclusivement, biaisé dans la mesure où je tends à présenter plutôt des succès de la modernisation agricole. Je commence par présenter la réussite exceptionnelle de l'agriculture chinoise à la suite des réformes institutionnelles de 1979 ayant instauré le « système de responsabilité des ménages ». Je présente ensuite le mouvement d'expansion rapide du coton *Bt* en Inde, un processus qui, bien qu'il soit cantonné géographiquement à une région et qu'il ne concerne qu'une seule culture, n'en demeure pas moins un succès notable de l'agriculture moderne tout en restant un objet de nombreuses et vives controverses. Le développement des *Cerrados* est un autre exemple d'espace où l'agriculture moderne a triomphé, illustrant les rapports complexes qu'entretiennent les différentes dimensions de ce développement — économique, sociale et environnementale — et les conséquences négatives qui peuvent en résulter. L'histoire de l'agriculture en Afrique de l'Ouest réserve ensuite une surprise : les performances du secteur n'ont pas été aussi mauvaises qu'on le dit souvent, et ces performances ont été obtenues grâce à l'agriculture moderne, en dépit des nombreux obstacles majeurs rencontrés. Dans cette région, le défi pour l'avenir sera de promouvoir un développement ciblant les agriculteurs marginalisés de semi-subsistance, qui souvent sont aussi les plus pauvres, privés d'éducation et de capital. Finalement, le cas de l'agriculture française, un autre succès de l'agriculture moderne à plusieurs titres, illustre les nouveaux défis qui attendent l'agriculture moderne dans les pays riches.

Les performances exceptionnelles de l'agriculture chinoise

Le cas de l'agriculture chinoise est instructif, car il représente à bien des égards une véritable réussite. En quelques décennies, la Chine a été capable de nourrir quasiment 20 % de la population mondiale, alors qu'elle ne dispose que de 5 % des terres arables. En outre, au cours des trente dernières années, elle a réussi à augmenter sa production suffisamment rapidement pour satisfaire l'accroissement considérable de sa demande intérieure résultant de l'extraordinaire croissance économique qu'elle a connue. Cette performance remarquable contraste avec les inquiétudes exprimées il y a quinze ou vingt ans par de nombreux observateurs extérieurs à la Chine, parmi lesquels Brown (1995), qui redoutait que le développement économique de la Chine engendre des importations massives de produits agricoles, qui auraient alors affamé une grande partie de la population des pays en développement.

Par conséquent, il est fondamental de comprendre les raisons du succès chinois, à la fois pour en tirer des leçons à destination d'autres pays en développement, mais aussi parce que la Chine est un acteur majeur sur les marchés internationaux et qu'elle pourrait encore accroître son emprise sur ces derniers, ce qui pourrait avoir des conséquences importantes pour les producteurs et les consommateurs de l'ensemble des pays du globe. Pour commencer, je présente les grands traits de l'histoire récente du développement agricole chinois et les ordres de grandeur correspondants.

Ampleur et causes des succès

En matière de croissance agricole, les autorités chinoises font remarquer non sans fierté que la production a presque quadruplé depuis 1979. Cela représente un taux de croissance annuel d'environ 5 % pour le secteur agricole, prouesse d'autant plus considérable que ce rythme a été maintenu pendant trente ans. Le choix de l'année 1979 comme référence est important, car il correspond à la mise en œuvre d'une série de réformes institutionnelles capitales, parmi lesquelles l'abolition des communes et l'instauration du système dit de « responsabilité des ménages ». Ce changement fut drastique, puisqu'il impliquait l'abandon de la collectivisation des campagnes et le retour à une structure agraire formée *de facto* de petites exploitations familiales. Le tableau 1 montre la décomposition du taux de croissance du produit agricole depuis 1970 sur de courtes périodes. Les résultats révèlent bien une accélération de la croissance agricole après la réforme institutionnelle de 1979, réforme qui semble bien avoir libéré les énergies. Deux autres aspects méritent un commentaire ici. Premièrement, le taux de croissance agricole enregistré avant 1979, donné pour la période 1970-1978 dans le tableau 1, était déjà notable (2,7 % par an). Cette croissance est généralement attribuée au fait que le gouvernement chinois, comme son homologue soviétique à la même période, réalisait d'importants investissements pour soutenir le secteur, particulièrement en matière d'infrastructures telles que les réseaux d'irrigation. Deuxièmement, si le taux de croissance agricole a fini par diminuer après le boom engendré par la réforme de 1979, il s'est cependant maintenu à un niveau tout à fait respectable, atteignant même 5 % au cours de la période récente. Bien évidemment, cette croissance régulière et soutenue sur une période de vingt-cinq années ne peut être attribuée uniquement aux bénéfices d'une réforme intervenue trente ans auparavant. D'autres facteurs ont compté, comme nous le verrons plus bas.

Tableau 1. Croissance du produit national brut agricole en Chine, différentes périodes (en %), 1970-2007.

1970-1978	1979-1984	1985-1995	1996-2000	2001-2005	2006-2007
2,7	7,1	4,0	3,4	3,9	> 5

Source : Huang *et al.*, 2010. Régressions calculées à partir des données du Bureau national des statistiques chinoises.

Un autre aspect de la réussite de l'agriculture chinoise réside dans la façon remarquable dont elle s'est adaptée à l'évolution rapide des besoins et de la demande de la population, comme le montre le tableau 2, qui donne la décomposition de la production totale du secteur par grandes catégories de produits agricoles, entre 1970 et 2005. La part des produits végétaux dans la production agricole totale, au sens large de ce terme, a chuté de 82 % à 51 % au cours de cette période, tandis que celle des produits d'élevage est passée de 14 % à 35 %, et que les produits issus de la pêche ont accru leur participation de 2 % à 10 % dans le même temps.

Tableau 2. Part des différentes catégories de produits agricoles en Chine dans la valeur totale de la production du secteur (en %), 1970-2005.

	1970	1980	1990	2000	2005
Cultures	82	76	65	56	51
Élevage	14	18	26	30	35
Pêche et aquaculture	2	2	5	11	10
Forêts	2	4	4	4	4

Source : Huang *et al.*, 2010.

Ces changements rapides dans la composition de la production agricole chinoise correspondent tout à fait aux transformations du régime alimentaire, généralement associées à la croissance économique et à l'élévation du niveau de vie dans les autres pays en développement. La façon dont le secteur agricole chinois s'est adapté à ces modifications rapides de la demande est frappante, que ce soit en matière de quantités, comme nous l'avons vu plus haut, ou en matière de composition de la production. Par conséquent, contrairement aux craintes exprimées par Lester Brown ou d'autres, la Chine est restée pratiquement autosuffisante pour la plupart des produits alimentaires de base, tels que le riz et le blé, mais également pour la viande de porc, de bœuf et de volaille. Les seules exceptions majeures sont les oléagineux, la Chine étant devenue le plus gros importateur mondial de graine et d'huile de soja ainsi que de tourteaux à destination de son bétail. Elle est également devenue un importateur majeur de céréales fourragères. Notons que ces deux catégories de produits importés ont des processus de production intensifs en terres (ils requièrent de grandes extensions de surface pour leur production), alors que la Chine a essentiellement développé sa production horticole, à forte intensité de main-d'œuvre. Elle est d'ailleurs devenue exportatrice nette dans ce sous-secteur. Ces aspects du développement de l'agriculture chinoise mettent en exergue le rôle joué par la recherche d'avantages comparatifs et par les échanges commerciaux internationaux pour expliquer les performances du secteur. Les préoccupations d'autosuffisance alimentaire, incontournables par le passé, notamment dans le cas des aliments de base, sont désormais reléguées au second plan.

Divers facteurs permettent d'expliquer les bonnes performances du secteur agricole chinois. Les investissements importants consentis dans les infrastructures, en particulier dans l'irrigation et le contrôle des inondations, ont déjà été soulignés. Un article de presse récent[5] indique que la Chine a dépensé plus de 150 milliards de dollars en soixante ans dans des systèmes de gestion de l'eau, et que le pays compte désormais 86 000 barrages. La part de la surface céréalière

---

5. *Zhongguo Qingnian Bao,* reproduit dans *Courrier international,* 987, 1er octobre 2009.

irriguée a augmenté de 18 % en 1952 à environ 50 % au début des années 1990. Outre ceux réalisés dans l'irrigation, les investissements dans les infrastructures de transport et de marché ont également été importants, permettant aux marchés intérieurs d'être désormais bien intégrés. Huang et Rozelle (2006) assurent que l'efficacité des marchés chinois est comparable à celle des États-Unis. L'amélioration de l'environnement économique constitue une autre explication de la réussite de l'agriculture chinoise. Des politiques macroéconomiques saines visant notamment à éviter une appréciation trop rapide du yuan ont accompagné un processus de réforme à la fois réfléchi et prudent de l'ancien système de planification centrale. La libéralisation du marché intérieur a été très lente, notamment pour le marché des céréales. Ce mouvement a connu son point d'orgue avec l'adhésion de la Chine à l'Organisation mondiale du commerce (OMC) en 2001. Depuis lors, et suivant en cela la route tracée par le Japon et la Corée du Sud, le gouvernement chinois a même commencé à octroyer des subventions à son secteur agricole.

Mais le facteur de réussite le plus important de l'agriculture chinoise depuis la mise en place du système de responsabilité individuelle des ménages a été le changement technologique, comme le démontre tout un courant de littérature sur le sujet. Des analyses détaillées de l'évolution de la productivité totale des facteurs (PTF) par province, croisées avec les chiffres de dépenses de recherche et développement et du nombre de variétés homologuées, également par province, montrent un accroissement significatif de la PTF entre 1979 et 1995, à un rythme annuel d'environ 3 % (Jin *et al.*, 2001). Des résultats moins détaillés mais plus récents suggèrent que cette croissance a continué à ce rythme jusqu'à aujourd'hui. En outre, les premières données détaillées sur l'évolution de la croissance de la PTF indiquent qu'elle a connu des variations importantes selon les provinces et la période considérée, et que ces variations sont fortement liées aux investissements publics réalisés par le passé dans la recherche agronomique. En fait, la Chine a plus que triplé ses investissements en recherche et développement agricole entre 1990 et 2005, et elle est l'un des rares pays en développement où l'intensité de la recherche (c'est-à-dire la part des dépenses de recherche dans le produit national brut agricole) augmente. Une proportion significative de ces investissements est réalisée dans les biotechnologies, et la Chine est devenue un leader de la production et de l'utilisation de semences d'OGM.

Cette réussite peut-elle être durable ?

Une croissance si rapide de la production agricole nous amène inéluctablement à la question suivante : dans quelle mesure cette réussite est-elle durable ? De fait, de sérieuses préoccupations sociales et environnementales ont été légitimement exprimées. Les provinces les plus prospères et croissant le plus rapidement, dans l'est et le sud-est du pays, ont une densité de population très élevée. Les indicateurs de pollution de l'air et de l'eau dans ces régions sont véritablement inquiétants. Certaines régions connaissent des problèmes de raréfaction de l'eau parfois graves et en augmentation, tandis que les nombreux investissements dans des infrastructures colossales de gestion de l'eau sont de plus en plus controversés, comme l'illustre le cas emblématique du barrage des Trois-Gorges, dont la construction a nécessité le déplacement de plus d'un million de personnes. En outre, le succès remarquable de la Chine en matière de réduction du nombre de personnes vivant sous le seuil de pauvreté ne doit pas masquer le fait que les disparités entre ruraux et urbains n'ont cessé d'augmenter, et que de nombreux ruraux sont très pénalisés lorsqu'ils migrent vers les villes ou les régions industrielles à la recherche d'un emploi et plus généralement de meilleures opportunités économiques. Mais la solution à ces problèmes graves ne peut résider dans le choix d'un autre modèle de développement pour le secteur agricole. Une partie de la pollution des cours d'eau est vraisemblablement due à l'utilisation intensive d'intrants chimiques par les agriculteurs chinois, mais cette source de pollution est faible au regard de celle qu'engendre le secteur industriel. En ce qui concerne la lutte contre la pauvreté, on peut penser que la croissance rapide de la production agricole a contribué à modérer, voire à diminuer, en termes réels, les prix agricoles, ce qui est fondamental non seulement pour les pauvres des zones urbaines, mais aussi pour ceux des zones rurales, où une large frange de la population achète plus de produits agricoles qu'elle n'en vend. Pour les travailleurs agricoles pauvres forcés de chercher des sources de revenu additionnelles à l'extérieur du secteur agricole, il n'existe aucun modèle de développement agricole alternatif qui pourrait leur offrir des opportunités d'emploi attractives suffisamment nombreuses.

En conclusion, quelles leçons peut-on retenir de l'expérience chinoise des dernières décennies quant au rôle de l'agriculture moderne dans le développement ? Indubitablement, cette expérience constitue une véritable *success story*. Il ne faut pas oublier cependant que cette réussite a été précédée d'une réforme institutionnelle profonde, visant à réintroduire le marché dans le fonctionnement du système. Mais, une fois la réforme mise en place, le changement technologique est devenu le moteur de la croissance du secteur agricole. En ce sens, la modernisation de l'agriculture a joué un rôle prépondérant dans les performances exceptionnelles de la Chine. Il convient ici d'insister sur deux particularités complémentaires de l'expérience chinoise : en premier lieu, le secteur agricole chinois a toujours été, et continuera d'être, constitué principalement de petites exploitations agricoles, voire même de très petites structures. Dans le cas chinois, l'agriculture moderne n'est donc pas synonyme de grandes exploitations, lourdement mécanisées et où le capital se serait substitué au travail. En second lieu, le secteur public a joué, et continue de jouer, un rôle fondamental dans le développement de l'agriculture. De leur côté, les grandes multinationales ne rencontrent pas d'hostilité particulière, et la plupart d'entre elles ont de fait noué des accords de partenariat avec les autorités chinoises. Mais elles n'ont joué qu'un rôle secondaire, y compris pour le développement des semences OGM, dont la plupart sont issues de la recherche publique. Dans le cas de la Chine, le développement s'est donc fortement appuyé sur la modernisation de l'agriculture, mais d'une façon originale, avec deux aspects particuliers : l'absence de grandes exploitations et le rôle secondaire des grandes entreprises privées, multinationales ou non.

L'adoption en moins de dix ans du coton *Bt* en Inde : un record mondial

Au cours des dernières années, l'adoption par les agriculteurs indiens de variétés de coton OGM, appelées coton *Bt*, a été particulièrement rapide. Il s'agit même du processus d'adoption le plus rapide jamais documenté dans l'agriculture à l'échelle mondiale. Cette célérité est d'autant plus remarquable que le contexte était plutôt défavorable, marqué par l'opposition patente de puissantes organisations de la société civile dont la légitimité est incontestable. Par conséquent, cette étude de cas présente un intérêt évident pour mon analyse. Il s'agit tout d'abord de comprendre la nature et l'ampleur de la réussite de l'implantation du coton *Bt*, et ensuite de déterminer pour quelles raisons ce développement est si controversé.

Le succès du coton *Bt*

Gulati (2010) a récemment publié un résumé clair et concis du processus d'adoption du coton *Bt* par les producteurs indiens. Dans l'État du Gujarat, les agriculteurs avaient commencé à recourir à cette technologie dès 2001, soit un an avant que les semences OGM soient homologuées par le gouvernement indien, en 2002. Les autres États producteurs de coton ont ensuite très rapidement suivi le mouvement. Comme le montre la figure 4, le taux d'adoption des semences *Bt* par les producteurs de coton a littéralement explosé : il est passé de 1,3 % en 2003 à 81,1 % en 2008.

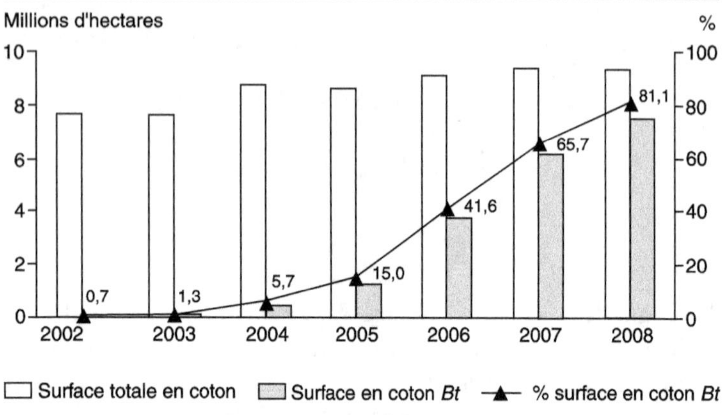

Figure 4. Surface totale de coton et surface en coton *Bt*, Inde, 2002-2008.
Source : Cotton Advisory Board, 2009 ; James, 2008.

La généralisation rapide des variétés OGM est incontestablement liée à la forte hausse de rendement qu'elles permettent de réaliser en très peu de temps : par exemple, des études ont montré que l'adoption du *Bt* avait permis de passer de 302 kilos de coton par hectare pour la récolte 2002-2003 à 587 kilos par hectare en 2007-2008, ce qui représente un accroissement annuel moyen de 13 % sur une période de cinq années. La production nationale indienne a doublé en six années, et le pays est devenu le deuxième exportateur mondial de coton, devant les États-Unis. Le volume d'exportation a atteint 8,5 millions de balles en 2007-2008, pour une valeur de 1,9 milliard de dollars. Et encore, ces chiffres impressionnants ne rendent-ils pas compte des bénéfices pour les agriculteurs, les zones rurales et l'ensemble de la filière industrielle du coton, en pleine expansion. Quelles peuvent donc être les causes des inquiétudes évoquées plus haut, et comment expliquer la sévérité des controverses ?

Les controverses

Tout d'abord, il convient de rappeler qu'un important mouvement d'opposition aux OGM existait déjà auparavant en Inde, et que diverses organisations non gouvernementales très audibles et influentes avaient exprimé leur opposition à ces semences, dans le sillage de l'association Gene Campaign. Ce mouvement de refus a réussi à retarder l'adoption du coton *Bt* par les producteurs, sans toutefois parvenir à l'arrêter. Ce n'est que par la suite que la controverse s'est orientée vers la question du suicide des agriculteurs. Selon les détracteurs des semences OGM, le nombre de suicides d'agriculteurs aurait connu une hausse au cours des dernières années (2002-2007), particulièrement dans le centre et le sud de l'Inde. La principale raison de ces suicides serait l'endettement engendré par les pertes de revenu que provoque l'échec des cultures de rente. Parce que le coton *Bt* est une technologie coûteuse et pas toujours efficace, il aurait fortement contribué à la recrudescence de suicides parmi les agriculteurs de ces régions de l'Inde. Cependant, après avoir passé en revue la littérature sur le sujet, je suis davantage convaincu par les chercheurs (Gruère *et al.*, 2008) qui signalent que la tragédie que représentent les suicides d'agriculteurs en Inde est un phénomène de long terme, et qu'il n'existe pas de preuves convaincantes d'un éventuel accroissement de leur occurrence sur les cinq années couvertes par leur étude (2002-2007), sauf peut-être dans l'État d'Andra Pradesh. Le coton *Bt* « n'est une cause ni nécessaire ni suffisante pour expliquer les suicides d'agriculteurs. De nombreux autres facteurs, qui ne sont pas tous liés à l'agriculture, ont probablement joué un rôle prépondérant. Dans des régions particulières, certaines années, le coton *Bt* a pu contribuer indirectement, par la perte de récoltes, à l'endettement des producteurs et donc ensuite aux suicides. Mais ces revers sont plus la conséquence du contexte ou de l'environnement dans lequel le coton *Bt* a été introduit ou semé, et la technologie en elle-même n'est pas à blâmer » (Gruère *et al.*, 2008).

Cependant, il convient de reconnaître que le processus d'adoption des semences OGM au cours des sept ou huit dernières années ne s'est pas fait sans heurts. Le grand nombre de variétés transgéniques approuvées (135 en 2007 et environ 150 en 2008) constitue un bon indicateur de la complexité et de la diversité des processus d'adoption. En outre, il existe un marché noir de semences légales ou illégales, certaines étant altérées. Enfin, Small *et al.* (2006) ont insisté sur l'importance du germoplasme[6] de la plante hôte dans la détermination de l'efficacité du coton *Bt,* et leur conclusion semble sans appel : « Les effets du coton Bt en Inde varient fortement en raison de l'importante hétérogénéité de l'environnement de croissance des plantes, de la pression parasitaire, des pratiques culturales des agriculteurs et du contexte social. »

Étant donné l'hétérogénéité du coton cultivé en Inde, Qaim *et al.* (2006) ont d'ailleurs suggéré qu'une « meilleure compréhension de la variabilité des résultats pourrait aider à mieux expliquer certains des paradoxes dans les controverses qui entourent les cultures génétiquement modifiées ». Il est indéniable que, dans un grand nombre de cas, les producteurs de coton ont pu être amèrement déçus, notamment dans les régions non irriguées des États de l'Andra Pradesh ou du Maharastra, lorsque les rendements de leurs cultures ont chuté en raison de pluies trop rares. Leur situation a pu s'aggraver s'ils avaient utilisé des semences altérées moins performantes, et être plus grave encore s'ils avaient financé l'intensification de leur production en recourrant aux emprunts à taux usuraires des prêteurs locaux. Cet enchaînement de faits défavorables, mais probables, permet d'expliquer que les détracteurs des OGM aient pu, en toute bonne foi, trouver en réalisant des études de terrain de nombreux cas d'échecs conduisant à des

---

6. Ceci fait référence au fait que le gène *Bt,* qui confère à la plante une résistance à un insecte, a été introduit dans de nombreuses variétés préexistantes, différentes les unes des autres.

tragédies, ce qui peut expliquer la violence des controverses des dernières années.

Les leçons à retenir de cette étude régionale concernant le rôle de la modernisation de l'agriculture sont à la fois simples et importantes. Ici encore, le changement technique fondé sur la science a été fondamental. Comme en Chine, les petits producteurs agricoles sont impliqués dans le développement, la plupart n'ayant que peu d'hectares à leur disposition. Mais, contrairement à la Chine, le secteur privé occupe ici un rôle clé, et une entreprise indienne, Mahyco, qui travaille sous licence de Monsanto, occupe le premier plan sur le marché. Même si le processus a dans l'ensemble été largement favorable aux producteurs de coton et aux économies locales dans lesquelles ils opèrent, il a également produit des perdants, et a parfois abouti à des tragédies telles que les suicides de producteurs. En outre, un conflit d'intérêts, de nature structurelle, demeure sur le prix auquel les agriculteurs doivent payer les semences, étant donné que les fabricants jouissent d'un pouvoir de monopole important. Les autorités ont été amenées à intervenir pour contrôler ce pouvoir et, de fait, dans certains cas, le prix des semences est fixé par le gouvernement de l'État.

L'agriculture ouest-africaine : un « géant endormi » ?

Le cas de l'Afrique ne peut être exclu de toute réflexion sur le rôle de l'agriculture moderne dans le monde. C'est le seul continent à ne pas avoir connu de révolution verte, une particularité si marquante qu'elle est à l'origine du nom de l'initiative la plus encourageante des dernières années pour stimuler l'agriculture africaine, à savoir l'Agra (*Alliance for a Green Revolution in Africa*), soutenue par les fondations Gates et Rockefeller. Alors, la modernisation de l'agriculture a-t-elle échoué en Afrique, et est-elle condamné à échouer dans le futur ? Ou, pour faire preuve de plus d'optimisme, peut-on tirer des leçons du passé qui seraient utiles pour les actions futures ? Heureusement, le pessimisme généralisé autour du cas de l'Afrique, que reflètent ces questions, est déclinant, comme le montre le titre d'une récente publication conjointe de la Banque mondiale et de la FAO (*Awakening Africa's Sleeping Giant : Prospects for Commercial Agriculture in the Guinea Savannah Zone and Beyond,* 2009), qui présente les résultats d'une collaboration entre de nombreux partenaires.

En raison de l'extrême hétérogénéité et de la grande surface de l'Afrique, même si l'on considère uniquement la partie du continent située au sud du Sahara, cette étude de cas régionale ne sera consacrée qu'à l'Afrique de l'Ouest, une région suffisamment étendue et diverse par elle-même. Plus précisément, nous nous limiterons aux pays de la Communauté économique des États d'Afrique de l'Ouest (CEDEAO). Cette entité couvre un large territoire, qui part des côtes de l'Atlantique à l'ouest, est limité par les déserts de la Mauritanie, du Mali et du Niger au nord, s'étire jusqu'au Niger et au Nigeria à l'est et s'arrête aux rivages du golfe de Guinée au sud. Pour les lecteurs qui ne seraient pas familiers avec la géographie africaine, nous précisons que cette région abrite une grande diversité de zones agroécologiques qui s'étendent d'est en ouest en bandes parallèles, depuis le désert du Sahara au nord jusqu'aux tropiques humides au sud. Les systèmes de production agricoles rencontrés sont donc tout aussi divers : production en zone aride, pastoralisme, agropastoralisme, culture mixte, association de céréales et de tubercules, culture sous couvert arboré et agroforesterie dans les forêts tropicales humides, ces systèmes pouvant aussi être déclinés en de nombreuses variantes locales. Il convient d'être conscient de cette diversité et de cette hétérogénéité lorsque l'on évoque les performances agrégées de l'agriculture de la région, comme je le ferai plus bas.

La croissance de la production agricole africaine

Un élément marquant des performances de l'agriculture de l'Afrique de l'Ouest est la vigueur de sa croissance au cours des dernières années. Selon Blein *et al.* (2008), la production de cultures industrielles destinées principalement à l'exportation, telles que le coton, le cacao, le café, l'huile de palme ou l'arachide, etc., a doublé entre 1980 et 2006, passant de 19 millions à 38 millions de tonnes, ce qui représente un accroissement annuel moyen très respectable de 2,8 %. Plus saisissant encore, la production de cultures vivrières nationales est passée de 59 millions à 212 millions de tonnes, soit un taux de croissance annuel stupéfiant de 5 % sur une période de vingt-six ans. Il est toujours possible d'ergoter sur l'unité de mesure employée ici, les tonnes métriques, ainsi que nous en avons discuté dans la première partie de cet essai. Mais plus sérieusement, les auteurs, comme d'autres, recourent aux données de production fournies par la FAO, qui sont très suspectes, car l'organisation internationale elle-même reprend les données que lui fournissent les gouvernements africains et la collecte de données sur la production agricole est un exercice malaisé en Afrique. Fuglie notamment a fourni une analyse très instructive des incertitudes, des incohérences et, plus généralement, du manque de crédibilité de certaines données nigérianes, le Nigeria étant de loin la plus grande économie de la région (Fuglie, 2008). En particulier, il souligne que selon les données de la FAO pour ce pays, la production de racines et de tubercules aurait crû à un rythme annuel de 9 % pendant vingt ans, ce qui est difficile à croire, bien qu'un ensemble crédible de preuves concordantes indique une rapide augmentation de la production de manioc (Nweke *et al.*, 2002). Cependant, en dépit de ces incertitudes majeures, il ne fait aucun doute que les performances de l'agriculture de la région ont été bien meilleures qu'on ne le croit généralement. Les données de la balance commerciale nette des pays de la CEDEAO corroborent cette affirmation. Ces chiffres sont crédibles, au moins pour ce qui concerne leur ordre de grandeur. Convenons toutefois de l'existence de nombreux échanges informels transfrontaliers qui ne font évidemment pas l'objet de déclarations officielles. Ils sont donc difficilement estimables, même si l'on sait que leur volume est significatif. Toutefois, cette incertitude ne remet pas en cause notre démonstration, car ces transactions intrarégionales n'affectent pas la balance commerciale nette au niveau régional. Celle-ci s'est améliorée de façon très significative, même si l'on exclut le Nigeria de l'analyse.

Le tableau 3 montre que la balance commerciale agricole nette de la région, qui était encore négative au cours de la période 1982-1984, est devenue positive vingt ans plus tard, l'excédent commercial net dépassant désormais les 500 millions de dollars. Par ailleurs, ce retournement de situation n'est pas dû au Nigeria, puisque la valeur du déficit de ce pays n'a pas évolué de façon significative durant ce laps de temps. En

Tableau 3. Balance commerciale nette, sélection de pays de la CEDEAO, 1983-2003 (en milliers de dollars).

	1982-1984	1992-1994	2002-2004
Burkina Faso	– 24 145	– 30 190	+ 125 812
Côte d'Ivoire	+ 1 134 030	+ 1 148 828	+ 2 560 786
Ghana	+ 256 583	+ 115 134	+ 298 498
Guinée (Conakry)	– 18 794	– 129 516	– 153 743
Mali	+ 116 034	+ 142 794	+ 138 418
Nigeria	– 1 459 024	– 601 471	– 1 487 323
Sénégal	– 97 852	– 244 134	– 544 144
Total CEDEAO	– 267 483	+ 10 084	+ 522 276

Source : Blein *et al.*, 2008.

d'autres termes, ces données confirment la bonne performance d'ensemble de tous les pays de la zone de la CEDEAO, à l'exception du Nigeria, pour lequel un doute subsiste. Les données du tableau 3 montrent également d'importantes différences d'un pays à l'autre. Ainsi, autant les performances de la Côte d'Ivoire et du Burkina Faso ont-elles été bonnes, autant celles du Sénégal ont été décevantes. De son côté, la Guinée (Conakry), pourtant connue pour son haut potentiel, n'a pas vraiment répondu aux attentes. Il serait certainement très instructif de se pencher davantage sur les différences entre les pays de la CEDEAO, mais cela dépasse largement le cadre de cet ouvrage.

La décomposition de la production agricole régionale par catégories de produits apporte d'autres indications sur les bonnes performances des pays d'Afrique de l'Ouest. La production de céréales, et notamment de maïs, mais aussi celle du coton et celle des fruits et légumes a augmenté particulièrement vite, ce qui est en accord avec ce que suggèrent de nombreux autres indicateurs partiels. La croissance de la production de fruits et légumes est d'autant plus remarquable qu'elle semble répondre à une hausse de la demande de la part d'une population urbaine toujours plus nombreuse et jouissant, pour une partie au moins, de meilleurs revenus. À l'inverse, la taille du cheptel et la production animale n'ont augmenté qu'à un rythme très lent. Par suite, la disponibilité en viande est estimée à 8,7 kilos par personne, et celle de lait à 7,7 litres par personne, soit des niveaux extrêmement bas.

Les origines de cette croissance

L'analyse des origines de la croissance agricole africaine offre un tableau très différent de la situation asiatique. En effet, l'extension de la superficie cultivée constitue le principal facteur de croissance (ces surfaces ont augmenté de 229 %, passant de 35 millions à 69 millions d'hectares entre 1980 et 2005), tandis que l'augmentation des rendements n'a joué qu'un rôle plutôt secondaire (quasiment aucun accroissement du rendement en sorgho et en mil, une augmentation de 70 % de celui du maïs, et de 55 % pour le riz et pour le manioc). L'agriculture de l'Afrique de l'Ouest s'est donc caractérisée par une extension des surfaces cultivées et par une faible intensification. L'augmentation des surfaces cultivées s'est faite principalement sous la pression démographique, comme le montre le lien entre la densité de population et la part des terres cultivables effectivement cultivées. L'extension de l'agriculture, par la mise en culture de davantage de terres, a été rendue possible par divers facteurs, tels que l'efficacité de la lutte contre des maladies comme l'onchocercose, un programme qui a couvert jusqu'à 30 millions de personnes dans les pays de la zone soudano-sahélienne, ou la déforestation de forêts tropicales humides pour planter du cacao ou du café. En conséquence, la surface des forêts a chuté de 88,7 millions d'hectares en 1980 à 74 millions en 2005. Cette perte de forêt représente seulement un tiers de l'augmentation de la surface cultivée dans la région, ce qui signifie que la grande majorité de la surface agricole gagnée l'a été sur les jachères, grâce à leur diminution et à des rotations plus rapides dans de nombreuses zones. Gardons également à l'esprit que les surfaces cultivées ne représentent qu'une faible fraction de la surface totale potentiellement cultivable de l'Afrique de l'Ouest (les taux d'occupation du sol par les cultures varient de 10 % pour le Mali à 69 % au Togo). Cette évolution générale a assurément occasionné des pertes de fertilité des sols, mais ces impacts négatifs varient d'une région à l'autre, en fonction du potentiel de production biologique local et de la pression démographique, deux paramètres eux-mêmes très souvent corrélés et qui dépendent principalement de la latitude.

Outre l'extension des surfaces agricoles mentionnée ci-dessus, les rendements moyens ont aussi augmenté. Cela est vrai pour de nombreuses cultures, sinon toutes. Il est probable que cela se vérifie également en termes de disponibilité calorique totale pour l'alimentation humaine, comme nous l'avons déjà signalé dans la première partie de cet essai pour l'Afrique dans son ensemble. Par conséquent, une certaine intensification[7] de l'agriculture a bien eu lieu. Cependant, il convient de reconnaître que l'ampleur de cette intensification a été bien inférieure à celle que les agronomes qui travaillent en Afrique depuis des décennies appelaient de leurs vœux et qu'ils tentaient de promouvoir dans tous les projets de développement financés et soutenus par de nombreux acteurs tels que les gouvernements, les donneurs internationaux, les organisations non gouvernementales locales et étrangères, etc. Cette divergence entre les objectifs et la réalité entretient et justifie la perception qu'aucune révolution verte n'est survenue en Afrique, même s'il y a bien eu intensification. Pour le futur,

---

7. L'ouvrage *Millions Fed: Proven Successes in Agricultural Development*, et écrit par B.Y. Spielman, J. David et R. Pandya-Lorch, récemment édité par l'*International Food Policy Research Institute* (IFPRI, 2008), va dans ce sens. Il décortique dix-huit exemples de réussite du développement agricole, dont trois en Afrique de l'Ouest qui concernent le manioc et le coton, comme nous l'avons mentionné, et un dernier sur le « reverdissement » du Sahel, qui est une étude intéressante des processus d'innovations locaux.

les questions à résoudre sont donc : pourquoi cette maigre intensification s'est-elle produite ? Et pourquoi n'a-t-elle pas été plus importante ?

Les réponses à ces questions doivent d'abord être trouvées, selon nous, dans la théorie économique. L'Afrique de l'Ouest, comme le reste du continent, est abondamment dotée en terre. Les auteurs du rapport « *Awakening Giant* » estiment que dans la « savane de la région guinéenne de l'Afrique, couvrant une surface d'approximativement 600 millions d'hectares, environ 400 millions d'hectares pourraient être utilisés à des fins agricoles, mais moins de 10 % de cette surface est cultivée » (Banque mondiale-FAO, 2009). D'autre part, le travail est un facteur de production relativement abondant, tandis que le capital est beaucoup plus rare. Dans ces conditions, il est parfaitement cohérent d'un point de vue économique de répondre à l'accroissement de la demande en incorporant davantage de terres à la production, et ce en recourrant à des pratiques culturales et des technologies intensives en main-d'œuvre. Le problème posé par ce mode de développement est qu'il ne permet pas d'accroître la productivité du travail, et par conséquent la rémunération des travailleurs. De fait, tous les indicateurs de pauvreté témoignent des maigres performances des pays d'Afrique de l'Ouest dans ce domaine. Ainsi, onze des quinze pays de la CEDEAO appartiennent à la catégorie des pays les moins avancés (PMA) selon la classification de l'Organisation des Nations unies. De plus, l'incidence de la pauvreté rurale est également très forte au Nigeria, pays qui n'échappe à la catégorie des PMA que parce qu'il exporte de grands volumes de produits pétroliers.

Les éléments d'analyse économique rappelés ci-dessus expliquent pourquoi la modernisation de l'agriculture n'a pas été rapide par le passé en Afrique de l'Ouest. Ces analyses pointent l'ampleur du défi à relever dans le futur. Toutefois, il convient de reconnaître que l'agriculture moderne a joué un rôle majeur dans le développement et la croissance des plantations et des cultures industrielles. À cette aune, le cas du coton est particulièrement intéressant, car les planteurs de coton sont essentiellement de petits producteurs. Le développement de la production de coton dans les pays du Sahel constitue indubitablement une grande réussite, à tel point que ce produit représente 90 % des exportations totales d'un pays comme le Mali, et contribue à plus de 80 % aux recettes fiscales du gouvernement. En outre, l'accroissement des rendements du maïs et du manioc est dû pour une grande part à l'introduction de nouvelles variétés développées par des organismes de recherche publique, parmi lesquels les centres du Groupe consultatif pour la recherche agricole internationale (GCRAI) ont joué un rôle majeur. Cette remarque est également valable pour le succès de la lutte contre la cochenille du manioc, qui causait auparavant d'importantes pertes aux cultures. Pourtant, même pour une culture comme le coton, le niveau de performance est décevant, le rendement moyen ayant stagné au cours des vingt-cinq dernières années, abstraction faite des variations d'une année sur l'autre dues aux différences de précipitation. Ces performances médiocres contrastent avec la situation observée dans d'autres régions du monde comme l'Inde, où les rendements moyens étaient très faibles comparés à ceux d'autres pays il y a encore quinze ou vingt ans, mais qui ont fait de grands progrès ces dernières années, comme nous l'avons montré plus haut.

Les implications pour la modernisation de l'agriculture

Diverses raisons ont été avancées pour expliquer les maigres performances de l'agriculture africaine. Il est indéniable que de nombreuses politiques publiques ont eu des conséquences extrêmement défavorables. En outre, la grande majorité des institutions dites « modernes » mises en place par les régimes coloniaux et confortées après les mouvements d'indépendance connaissent de profonds dysfonctionnements. C'est particulièrement vrai dans le domaine de la recherche agricole. Peu de progrès durables pourront être réalisés si l'on ne s'attelle pas à ces problèmes. Mais cette discussion dépasse l'objectif de la présente contribution. Cependant, en se limitant au rôle de l'agriculture moderne, un certain nombre de points importants peuvent être soulignés.

Tout d'abord, il est essentiel que les petits producteurs agricoles soient au centre de toute stratégie de développement pour l'Afrique. Mettre en place de nouvelles unités de production de grande envergure, intensives en capital et recourrant à des pratiques agricoles modernes, pourrait certainement doper la production agricole et les rendements moyens, bien que les risques d'erreur soient importants, même avec des objectifs aussi sommaires. Mais le plus gros danger que feraient courir de telles structures agricoles serait celui d'une catastrophe sociale. Dans des pays comme ceux d'Afrique de l'Ouest, où 70 % de la population vit encore en milieu rural, toute stratégie de développement qui ne conférerait qu'un rôle marginal à cette majorité de la population ne pourra prétendre résoudre les problèmes de pauvreté. Par conséquent, les petits producteurs doivent être les acteurs clés de la croissance agricole. C'est l'un des défis que devra relever la modernisation de l'agriculture en Afrique.

Heureusement, des solutions existent. Elles passent par un soutien aux organisations agricoles, par une approche plus favorable au secteur privé dans le développement agricole et en particulier aux coopératives et autres organisations économiques mises en place par les agriculteurs dans le cadre d'actions collectives, par un sursaut majeur des investissements — publics comme privés — et enfin par une réorganisation profonde de la recherche et de l'enseignement agricole. À cet égard, la bonne nouvelle est que le nouvel acteur de poids sur la scène du développement agricole africain, à savoir la fondation Gates, semble avoir décidé de s'attaquer frontalement aux dysfonctionnements de la recherche agricole africaine. Pour les entreprises multinationales engagées dans l'agriculture, les opportunités de long terme sont bien réelles, mais à condition qu'elles agissent avec discernement. Elles doivent trouver un modèle économique leur permettant de générer suffisamment de profits à court et à moyen terme pour justifier leur présence, tout en contribuant à une stratégie de développement économique de long terme, source de prospérité et de développement agricole pour l'Afrique, ce qui leur assurera un environnement économique propice à leurs activités à plus lointaine échéance.

Le développement agricole spectaculaire mais controversé des *Cerrados* au Brésil

La région du Brésil appelée *Cerrado* doit son nom à la formation végétale éponyme qui la couvre, une grande savane arborée tropicale très hétérogène. Elle s'étend sur 2,04 millions de kilomètres carrés, soit environ 23 % de la surface du Brésil. La végétation primaire de la région consiste en une strate herbacée où dominent les graminées, associées à des arbustes et à des arbres épars en proportion variable. Les sols sont anciens, généralement profonds et bien drainés (Dias, 1992). Les précipitations annuelles sont comprises entre 1 000 et 1 400 millimètres répartis essentiellement sur la période d'octobre à mars, tandis qu'entre mai et septembre elles se font très rares et que des épisodes de sécheresse très sévères peuvent survenir (Goedert, 1989).

Jusque dans les années 1970, les *Cerrados* étaient considérés impropres à l'agriculture, d'abord en raison de la sévérité de la saison sèche y sévissant, mais également à cause de la nature des sols, des *ferrasols* généralement très altérés et présentant d'importantes contraintes chimiques pour la production agricole. En effet, ces sols sont acides et naturellement peu fertiles, en raison de la conjugaison des fortes précipitations du milieu et de leur grande perméabilité, qui les expose à un lessivage intense. Ces phénomènes de lixiviation entraînent une perte continue d'éléments nutritifs indispensables aux plantes, comme l'azote, le potassium et le phosphore. En outre, les sols des *Cerrados* souffrent d'une forte saturation en aluminium, à des niveaux qui peuvent s'avérer toxiques pour les plantes. Ces problèmes chimiques, ajoutés à ceux posés par les sécheresses fréquentes, l'importante évapotranspiration et la faible profondeur d'enracinement possible, notamment à cause des problèmes de toxicité liés aux fortes concentrations d'aluminium, limitent considérablement la fertilité naturelle des *Cerrados* (Scheid Lopes, 1996) et ont pendant longtemps eu raison du développement agricole de la région.

Enfin, outre ces considérations agronomiques, l'isolement de la région, très imparfaitement reliée au reste du pays, explique pourquoi le front de l'agriculture commerciale traditionnelle s'est arrêté dans son mouvement vers le nord lorsqu'il a atteint les *Cerrados* à la fin des années 1960. À cette époque, les technologies disponibles ne permettaient pas d'envisager la mise en culture d'un écosystème de savane si étendu et si isolé. C'est pourquoi, au cours de la majeure partie de l'histoire brésilienne, cette région n'a suscité que peu d'intérêt, restant désertée et ne contribuant que très peu au développement national.

Des tentatives expansionnistes depuis les années 1930

La première tentative du gouvernement brésilien pour peupler la région des *Cerrados* remonte aux années 1930, dans le cadre du programme *Marcha para o Oeste*. L'objectif était d'y installer les migrants ayant été expulsés d'autres régions du Brésil par le processus de modernisation de l'agriculture. L'idée du gouvernement était de les y attirer en favorisant la mise en place de petites exploitations agricoles familiales organisées autour d'un noyau semi-urbain, mais cette initiative échoua à accroître la population des *Cerrados*. Le déplacement de la capitale du pays à Brasilia en 1961 marqua le début d'une nouvelle tentative de développement de la région. Le *Programa de Colonização Dirigida* s'était fixé comme objectif d'installer un million de familles en encourageant la conversion des sols en terres agricoles productives. Tandis qu'une nouvelle route reliant Brasilia aux autres villes du pays mettait un terme à l'isolement de la région, une politique de subvention des intrants agricoles, de crédits bonifiés et de prix garantis devait permettre de soutenir la production agricole. Cependant, ces incitations furent presque entièrement anéanties par les conditions macroéconomiques défavorables et par la taxation indirecte du secteur agricole induite par les politiques commerciale et industrielle.

Finalement, l'expansion de l'agriculture dans les *Cerrados* n'a véritablement commencé qu'à la fin des années 1970, lorsque de nouvelles technologies et la mise en place de politiques publiques de soutien ont permis à l'agriculture commerciale de prendre pied dans la région. Dès lors, l'agriculture moderne s'est très rapidement répandue, et avec elle des systèmes d'élevage plus intensifs et productifs (Mueller, 1990).

La surface effectivement défrichée a presque doublé entre 1975 et 1996, passant de 34,7 millions à 64,5 millions d'hectares, sous l'impulsion de la croissance des surfaces semées pour être pâturées, ceci au rythme annuel de 5,3 % (Mueller, 2003). En revanche, les surfaces consacrées aux cultures n'ont augmenté que de 0,8 % par an en moyenne, passant de 6,9 millions à 8,2 millions d'hectares. Ce faible accroissement des surfaces cultivées s'est par contre accompagné d'une amélioration considérable de leur rendement (72 % pour le maïs, 59 % pour le blé, mais seulement 14 % pour le soja). Par conséquent, le *Cerrado* s'est converti en l'une des régions agricoles les plus importantes du Brésil, contribuant à 28 % de la production nationale en 1992.

Une composante importante de cette première phase du développement agricole dans les *Cerrados* est l'essor de la production de soja. Alors qu'avant les années 1980 la région ne comptait presque aucun champ de soja, elle abrite vingt ans plus tard la moitié des surfaces de cette culture au Brésil. Les principaux moteurs de cette authentique révolution agricole dans les *Cerrados* sont à chercher à la fois du côté de la demande et de l'offre. La demande des marchés intérieurs et internationaux en aliments pour le bétail, notamment en soja, a été provoquée par l'explosion de la consommation mondiale de viande et par l'augmentation de la fabrication d'aliments destinés à l'élevage qui en a découlé. En outre, l'embargo sur les exportations de soja décrété par les États-Unis dans les années 1970 a ouvert de nouveaux marchés pour les agriculteurs brésiliens et a stimulé les investissements étrangers et nationaux dans la production de soja.

Du côté de l'offre, les principaux facteurs du développement de la culture de soja dans les *Cerrados* ont été :

– le développement par l'Embrapa (*Empresa Brasileira de Pesquisa Agropecuária*, l'équivalent de l'Inra français) de nouvelles techniques culturales adaptées aux sols des *Cerrados*, fondées sur la pratique du chaulage afin de corriger le trop faible pH des sols et la toxicité aluminique, et sur l'application régulière d'engrais (en particulier de P_2O_5, phosphore assimilable). Une meilleure gestion de la matière organique des sols a également été déterminante, tout comme le développement de nouvelles variétés de soja adaptées aux différentes conditions agroécologiques rencontrées dans les *Cerrados* ;

– le déplacement de la capitale brésilienne à Brasilia, qui s'est accompagné d'importants investissements publics dans les infrastructures de transport qui ont fortement influencé l'implantation spatiale de la culture du soja. Il était en effet essentiel qu'existent des infrastructures routières permettant de diminuer les coûts élevés du transport depuis les zones de production de soja jusqu'aux installations de transformation et d'exportation situées près des ports accessibles aux navires cargos de haute mer. D'autre part, des politiques publiques incitatives ont été mises en place afin de promouvoir la migration vers les zones désertes des *Cerrados* (crédits aux agriculteurs et soutien à la création d'activité) ;

– le faible prix de la terre, la perspective de réaliser d'importants profits ainsi que les subventions accordées par le gouvernement aux nouveaux venus, qui ont attiré de nombreux agriculteurs expérimentés des trois États du sud, berceau de la production de soja au Brésil avant qu'elle n'inonde les *Cerrados*. Les généreux crédits subventionnés distribués par l'État ont également joué un rôle important dans le développement agricole de la région ;
– les réformes économiques initiées au milieu des années 1990, qui ont permis l'établissement de conditions macroéconomiques favorables au développement de l'agriculture et au renforcement des initiatives du secteur privé. Ainsi, les mesures de libéralisation des marchés ont particulièrement amélioré les liens entre les marchés nationaux et internationaux, assurant par la même occasion une meilleure transmission des prix mondiaux au Brésil.

Les développements récents (1995-2010)

Au cours des quinze dernières années, le soja a connu une seconde vague d'expansion au sein de la région des *Cerrados*, sous l'impulsion de nouvelles technologies ayant permis un accroissement considérable des rendements. Il s'agit notamment du développement de pratiques culturales minimisant, voire éliminant le labour, et des semences OGM, initialement introduites depuis l'Argentine. Alors que la surface consacrée au soja dans les *Cerrados* a augmenté de 14 % entre 1990 et 2000, la production a doublé en volume. À l'échelle de la région tout entière, le rendement moyen de soja dépasse désormais la moyenne nationale et, dans certaines zones de l'ancienne savane, il fait jeu égal avec les plus élevés au monde.

Les principaux déterminants de cette seconde étape du développement du soja sont les suivants :
– le secteur privé a commencé à jouer un rôle croissant dans la conduite du processus de développement en réalisant d'importants investissements dans les infrastructures (Rezende,

2003), tandis que les aides directes (subventions aux intrants et crédits à taux réduit) du gouvernement brésilien aux producteurs de soja ont disparu. De fait, étant donné l'immensité du Brésil, l'expansion de l'agriculture commerciale dans l'arrière-pays est tributaire de l'existence d'un système de transport en bon état. Par conséquent, la construction d'un réseau de transport dédié, tel que des voies ferrées ou fluviales, par les entreprises privées opérant dans la transformation ou le commerce de soja, a permis de réduire les coûts de production et d'améliorer la compétitivité du soja brésilien. Ces investissements permettent au soja issu des *Cerrados* d'atteindre le port de Rotterdam à un coût inférieur à celui du soja américain, si l'on prend en compte l'ensemble des coûts de transport, à l'intérieur comme à l'extérieur des exploitations agricoles (Agroanalysis 2003, étude du ministère de l'Agriculture américain citée par Mueller, 2003) ;

– le bon fonctionnement des marchés d'intrants et de produits ainsi que la demande croissante en soja de la part des industries brésiliennes ont assuré un environnement propice aux activités de production ;

– le développement, en premier lieu par l'Embrapa et plusieurs universités agronomiques, puis en second lieu par le secteur privé, de variétés adaptées aux conditions agroécologiques de quasiment toutes les zones des *Cerrados* a également favorisé les gains de rendement réalisés (Mueller, 2003).

Critiques et controverses

La principale question soulevée par l'expansion de l'agriculture dans la région des *Cerrados* a trait à l'environnement et à la durabilité sociale de ce processus de développement. Le défrichement de régions entières pose toujours des problèmes d'érosion des sols. Étant donné que, dans le cas présent, ce défrichement a concerné plus de 30 millions d'hectares, il est tout à fait compréhensible que la question se pose. Certes, l'introduction des pratiques de semis direct a grandement réduit les risques d'érosion. Mais ces techniques impliquent le recours à des herbicides pour contrôler les adventices, ce qui pose également des questions en matière de pollution des eaux, d'autant plus que les herbicides ne sont pas les seuls produits chimiques à être utilisés de façon intensive, puisqu'il faut aussi compter avec les engrais ou les autres catégories de pesticides. Des techniques telles que les cultures en terrasse peuvent limiter ces conséquences négatives, mais elles ne sont pas universellement répandues. La culture du soja, très rentable, a été instaurée dans de nombreux endroits, y compris dans des zones fragiles où aucune culture n'aurait dû être entreprise.

Plus généralement, la dynamique du défrichement était alimentée à l'origine par des incitations fiscales en faveur du développement de l'élevage de type *ranching* et par l'existence de fronts pionniers dits « fronts de subsistance », entretenus par l'installation de petits colons originaires d'autres États du Brésil, principalement du sud comme nous l'avons déjà évoqué plus haut. L'arrivée des grandes exploitations commerciales productrices de soja dans ces régions est généralement intervenue après le défrichement de la terre pour l'une ou l'autre des deux raisons précédentes. Au cours de ce mouvement progressif, les petits exploitants ont souvent été déplacés vers le nord et se sont installés dans de nouvelles régions à défricher. Au final, le processus a donc bien engendré la destruction de larges étendues boisées, et en particulier de forêts de fonds de vallées, malgré la volonté de plus en plus ferme des autorités publiques des États locaux et du gouvernement fédéral à protéger ces espaces. Notons cependant ici que les menaces qui pèsent sur ces forêts ne doivent pas être confondues, comme trop souvent dans la communauté internationale, avec la destruction de la forêt tropicale humide dans la région amazonienne.

Du point de vue social, les principales préoccupations soulevées par le développement de l'agriculture dans les *Cerrados* concernent la situation des petits exploitants, qu'ils aient ou non un titre de propriété incontestable. Certains d'entre eux produisent du soja, et bénéficient également des progrès technologiques et économiques associés à cette culture. Mais ils peuvent éventuellement être désavantagés. Ainsi, les pratiques de semis sans labour, qui ont permis de réaliser de véritables progrès en matière de gestion des sols, et donc de revenu, ont d'abord été mises au point pour les exploitations agricoles mécanisées. Le matériel agricole dédié à cette technique, et notamment les semoirs, n'est pas adapté à la traction animale. En revanche, les analyses de l'impact du développement rapide de l'agriculture dans la région des *Cerrados* sur la pauvreté se doivent de prendre en compte les effets macroéconomiques sur les prix réels des aliments au Brésil. En effet, ces derniers ont diminué (grâce en partie aux gains de productivité réalisés), et cette évolution est naturellement favorable aux pauvres, qui consacrent une grande partie de leur revenu à l'alimentation. Les familles pauvres des zones urbaines sont généralement dans ce cas, mais cela concerne également tous ceux qui en milieu rural sont acheteurs nets de produits agricoles (Alves *et al.*, 2010).

Le développement de l'agriculture dans la région des *Cerrados* s'est fortement appuyé sur l'adoption de nouvelles technologies mises au point par différents acteurs, parmi lesquels l'Embrapa s'est particulièrement illustré. La réussite de l'agriculture des *Cerrados* s'est construite sur une amélioration de la productivité de la terre (c'est-à-dire les rendements), qui à son tour a permis une augmentation de la productivité du travail grâce à une utilisation plus intensive de capital dans le processus de production. L'expansion des surfaces cultivées dans la région a donc été rendue possible par une importante mécanisation des opérations agricoles, ce qui correspond à une augmentation du rapport capital sur travail. En d'autres termes, c'est ici la réussite d'une agriculture moderne classique, fondée en partie mais pas exclusivement sur de grandes exploitations agricoles commerciales. Une fois de plus, des conséquences négatives non désirées en matière sociale et environnementale ont alimenté diverses controverses.

Les leçons du débat français
sur le productivisme

En France, le secteur agricole a été véritablement révolutionné au cours des trois décennies qui ont suivi la Seconde Guerre mondiale. Durant ce laps de temps, l'agriculture française est sortie de son archaïsme pour devenir l'une des principales exportatrices de produits agricoles et agroalimentaires du monde, ayant même récemment parfois occupé la première marche du podium. Les productivités de la terre et du travail se sont accrues très rapidement. Pourtant, ici aussi, ce succès incontestable, dû essentiellement à la modernisation de l'agriculture, a soulevé de nombreuses critiques, principalement en raison de conséquences négatives involontairement occasionnées par le processus de modernisation. Un aspect intéressant de ces controverses pour notre discussion est l'utilisation du mot « productivisme » pour décrire à la fois les excès de la modernisation, mais également la doctrine ayant sous-tendu de nombreuses politiques publiques dont l'objectif était de promouvoir la modernisation de l'agriculture. Ce terme traduit bien la conviction des décideurs de l'époque quant à la nature du processus de modernisation, qui devait être la recherche des gains de productivité. Remarquons ici que cette conception n'est pas différente en soi de celles qui ont été décrites précédemment. Par conséquent, le débat sur le productivisme en France présente un intérêt pour une réflexion à l'échelle mondiale. Je commencerai par passer brièvement en revue le processus de modernisation qui a transformé l'agriculture française depuis la fin de la Seconde Guerre mondiale, puis je présenterai l'évolution du débat et des controverses au cours de ce processus, avant de finalement porter un jugement sur la situation actuelle du secteur agricole français, en mettant l'accent sur les défis qu'il aura à relever dans le futur.

La modernisation de l'agriculture française depuis 1945

Avant-guerre, le secteur agricole français était beaucoup moins dynamique que celui des autres pays européens : la croissance moyenne de la production agricole annuelle pour la période 1880-1930 est estimée à 0,76 %, ce qui fait pâle figure à côté des 2,07 % du Danemark ou des 1,32 % de l'Allemagne par exemple. Par conséquent, la croissance de la productivité du travail a également été très faible au cours de cette même période : seulement 1,1 % par an en moyenne, contre 1,66 % au Danemark et 1,42 % en Allemagne. Des prix orientés à la baisse, à la fois en termes réels et courants[8], ainsi qu'une abondante offre de travail due à la surpopulation dans les petites exploitations agricoles et à la faiblesse des salaires, n'incitaient pas aux innovations et au changement structurel. Le retard du secteur agricole français était généralement attribué, notamment par les observateurs étrangers, à une structure agraire typique de la vieille paysannerie, c'est-à-dire organisée autour de petites exploitations faisant un usage intensif de la main-d'œuvre familiale, non rationnelles et imperméables aux signaux du marché. Le portrait brossé était celui d'un secteur mal organisé, empêtré dans sa faible productivité, résistant aux innovations techniques et protégé de la compétition internationale par des taxes à l'importation élevées (voir Grantham, 1975 ; Hohenberg, 1972 ; Roehl, 1976, cités par Ruttan,

---

8. Il s'agit des prix courants divisés par un indice général des prix afin d'éliminer l'effet de l'inflation générale et d'apprécier le cas spécifique des prix agricoles.

1978). Par ailleurs, d'autres auteurs ont argué qu'une part importante du retard du secteur agricole français pouvait s'expliquer par des causes externes, comme la demande léthargique en produits agricoles résultant de la faible croissance de la population et des revenus, ou encore le manque d'infrastructures institutionnelles efficaces pour soutenir la croissance de la production (Ruttan, 1978). Ce diagnostic sur le « retard de l'agriculture française » était largement partagé en France après la Seconde Guerre mondiale.

À cette époque, le développement industriel était érigé en priorité nationale. La modernisation de l'agriculture était alors considérée comme la meilleure solution pour réduire à la fois les prix élevés de l'alimentation et le déficit croissant du commerce agricole français, dans une période où le pays éprouvait les pires difficultés à équilibrer sa balance commerciale et celle des paiements courants. Ainsi, un certain nombre d'économistes de l'époque, dans le sillage de Dumont (1946) par exemple, prônaient-ils une réduction des coûts de production au travers de l'augmentation de la productivité du travail. De fait, la structure du secteur, constituée de quelques grandes exploitations mais surtout d'un très grand nombre de petits exploitants, mal formés et faiblement capitalisés, était jugée comme étant la principale cause des mauvaises performances de l'agriculture. L'archaïsme du secteur agricole français, illustré par les bas rendements et le recours trop rare aux techniques de production modernes, se traduisait au final par des coûts de production élevés et des revenus agricoles faibles, forçant le gouvernement à intervenir sur les marchés pour soutenir les prix agricoles, ces interventions se faisant au détriment des consommateurs et à des coûts de moins en moins supportables par les finances publiques.

Ce constat a abouti à l'adoption d'un ensemble de mesures visant à moderniser le secteur, tout d'abord par le développement d'institutions consacrées à la recherche, à l'enseignement et à la vulgarisation, mais aussi par la mise en place de subventions à la mécanisation des exploitations et à la restructuration foncière. Ultérieurement, des mesures spécifiques ont été instaurées pour encourager les agriculteurs les plus âgés à prendre leur retraite afin de rendre leurs terres disponibles pour agrandir les exploitations des plus jeunes. Remarquons que ces politiques ont été poursuivies et renforcées dans les années 1970 et 1980 lorsqu'une composante de politiques structurelles dédiées à l'agriculture a été adjointe au régime des organisations communes de marché (OCM) de la Politique agricole commune (PAC) européenne. Ces OCM avaient de fait pris le relais des interventions sur le marché par les États membres avant la création du marché commun et ainsi soulagé le budget national en France.

Outre les politiques publiques, un autre processus a considérablement favorisé la modernisation de l'agriculture : il s'agit de l'importante soustraction de main-d'œuvre du secteur agricole à la fois permise et provoquée par trente années de croissance économique rapide et soutenue, période que l'on appelle en français, de façon révélatrice, « les Trente Glorieuses ».

La transformation de l'agriculture française qui a suivi a donc été profonde et, avec le recul, relativement rapide, comme le montre le tableau 4. Ce tableau donne l'évolution de quelques indicateurs clés de l'agriculture française entre 1955 et 2007, les dates intermédiaires correspondant aux années de recensement ou d'enquêtes statistiques au niveau national. La population active agricole est passée de plus 6 millions à 1 million de personnes, le nombre d'exploitations de 2,3 millions à un demi-million. Les autres indicateurs montrent que le capital a progressivement été substitué au travail, et que l'usage d'engrais a considérablement augmenté jusqu'en 1979, avant de commencer à décliner dans les années 1990. De leur côté, les rendements en céréales et en produits animaux ont également connu une forte augmentation, puisqu'ils ont à peu près doublé en trente-cinq ou quarante années. Mais leur croissance s'est infléchie après 1988, notamment pour le blé.

Tableau 4. Quelques caractéristiques de l'évolution du secteur agricole en France : 1955-2007.

Caractéristique d'évolution		1955	1963	1970	1979	1988	1995	2000	2007
Population active agricole (milliers de personnes)		6 136	4 892	3 847	2 687	2 038	1 511	1 313	1 020
Nombre d'exploitations (milliers)		2 307	1 920	1 587	1 262	1 016	784	663	506
– dont professionnelles (milliers)				480	515	612		394	326
Taille moyenne des exploitations (ha)		14	17	19	23	28	35[a]	66	78
Tracteurs (milliers)		305	868	1 230	1 424	1 475	1 312	1 264	1 176[b]
Nombre de tracteurs par exploitation agricole		0,13	0,45	0,77	1,13	1,45	1,67	1,90	2,16[b]
Utilisation d'engrais (milliers de t.)			2 882	4 651	5 905	6 000	4 604	4 145	
Rendements moyens	Lait (kilos par vache)	1 924[c]	2 736,1	3 209,7	3 597,5	4 589,3	5 481,3	5 849,0	6 288,5
	Blé (q. par ha)		29,6	36,2	50,0	60,2	67,7	69,9	65,0
	Pomme de terre (q. par ha)		170,6	228,8	272,7	333,4	342,6	386,7	427,9
Volumes de production	Blé (milliers de t.)	7 604[d]	10 249	12 649	19 544	29 038	30 880	37 353	32 769
	Total céréales (milliers de t.)		25 367	31 443	44 267	56 071	53 545	65 698	59 537
Indice de production (100 = 1999-2001)	Agriculture		67	78	91	95	95	101	93
	P. végétale		67	76	86	91	91	102	90
	P. animale		67	75	91	96	99	99	96
Balance commerciale agricole	Euros (milliards)		– 0,8	– 0,5	– 0,3	2,8	1,4	2,2	2,1

Note : 1955, 1970, 1979, 1988 et 2000 correspondent aux années de recensement agricole.

[a] : donnée de 1993 ; [b] : donnée de 2005 ; [c] : donnée de 1951 ; [d] : donnée de 1950. Abréviations : t. pour tonnes ; q. pour quintaux
Sources : Agreste (Service des statistiques du ministère de l'Agriculture français), Insee, FAOSTAT.

La valeur de la production agricole française a également augmenté, particulièrement entre 1963 et 1988, mais le taux annuel d'accroissement moyen — environ 1,4 % au cours de cette période — reste bien modeste à côté de ceux observés en Chine, en Inde ou au Brésil, que nous avons rapportés plus haut. Notons que la croissance de la production s'est ralentie après 1988, bien que les transformations structurelles du secteur se soient poursuivies, comme l'illustre le déclin continu du nombre d'exploitations agricoles. Pour finir, le commerce agricole est devenu excédentaire, et enregistre régulièrement un surplus de plus de deux milliards d'euros depuis le début des années 2000.

L'évolution des débats provoqués par la modernisation

La première vague de critiques adressées au processus de modernisation émanait des cercles agricoles conservateurs, qui regrettaient « l'exode » rural et la perte des traditions, mais aussi implicitement l'érosion du vote conservateur dans les campagnes provoquée par le déplacement progressif de la population rurale vers les zones urbaines et industrielles, qui s'est souvent traduite par une rupture des alliances sociales et politiques traditionnelles. Expression d'une structure de pouvoir rurale, ancienne et déclinante, ces critiques n'ont pas eu un large rayonnement. Elles ont toutefois été relayées par ceux qui déploraient à la fois la croissance de Paris et de ses banlieues, par opposition à la « désertification » du reste du pays (voir par exemple Gravier, *Paris et le désert français*, 1947). Cette deuxième salve de critiques a rencontré davantage d'écho, et a motivé la mise en œuvre de diverses politiques territoriales allant bien au-delà du strict domaine agricole, pendant plusieurs décennies. Ces mesures ont largement corrigé le déséquilibre. Leur objectif n'était cependant pas de ralentir le flux de migrants quittant le secteur agricole, mais plutôt de prendre en compte la nécessité d'un développement territorial équilibré.

Toutefois, les controverses les plus vives ont surgi autour du processus de transformation structurel lui-même. Les petits exploitants les plus pauvres, ou leurs enfants, ceux-là mêmes qui ont été contraints de quitter le secteur agricole en raison des maigres opportunités économiques qu'il leur offrait, n'ont pas eu véritablement droit au chapitre. En revanche, de nombreux producteurs de taille moyenne se sont insurgés contre un processus de concentration inexorable qu'ils jugeaient injustement favorable aux grands exploitants. Le dissentiment a pris d'autres dimensions, opposant les gros producteurs de céréales du Bassin parisien aux éleveurs des régions plus défavorisées. De fait, de jeunes agriculteurs de ces régions ont réussi à acquérir une certaine influence politique, grâce à des techniques de mobilisation et de manifestation originales. C'est ainsi qu'au début des années 1960 ils ont pu faire alliance avec le nouveau pouvoir gaulliste et initier une série de mesures structurelles visant à ralentir le mouvement de concentration des terres et à favoriser l'émergence d'un nouveau groupe de producteurs modernes et de taille moyenne. Cette politique a conduit à ralentir ou à moduler ce qu'un processus de modernisation conduit par le seul marché aurait engendré, sans toutefois remettre en cause la direction du mouvement, ni même beaucoup son ampleur en fin de compte. De nombreuses controverses et dissensions ont surgi au cours de ce processus.

Plus fondamentalement, de nombreux producteurs tentant de monter dans le train de la modernisation ou, plus simplement, engagés dans cette course à la modernisation, avaient le sentiment d'être pris dans ce que Cochrane avait appelé aux États-Unis le *treadmill* technologique (ce tapis roulant sur lequel les athlètes s'entraînent en salle, courant sans avancer), décrivant ainsi cette course sans fin à l'adoption de nouvelles techniques, à l'agrandissement permanent des structures, au prix d'un endettement chaque fois plus important et pour un revenu finalement inchangé. Ces efforts vains ont nourri des frustrations, et par ricochet ont augmenté la pression sur les gouvernements successifs pour qu'ils défendent avec vigueur les politiques européennes d'intervention sur les marchés pour le soutien des prix, ce que l'on appelle dorénavant le premier pilier de la Politique agricole commune, résultat un peu paradoxal lorsque l'on sait que le soutien des prix bénéficie principalement aux plus gros agriculteurs, et non à ceux qui ont le plus de mal à suivre la course à la modernisation.

D'autres critiques adressées au processus de modernisation visaient la dépendance croissante des producteurs envers les entreprises privées, parfois de grande taille, situées en amont ou en aval de la production. En effet, la concentration sur les marchés de la fourniture d'intrants ou de la transformation agro-industrielle était perçue comme une menace pour les producteurs dès lors qu'elle impliquait une rupture de l'égalité dans les pouvoirs de négociation, sujet d'une grande actualité aujourd'hui.

Plus récemment, de nouvelles préoccupations sociétales, émanant cette fois-ci des consommateurs et des citoyens au sens large, ont fait évoluer la nature du débat sur l'agriculture. Les acteurs impliqués sont plus nombreux, et le débat s'est recentré autour de nouvelles questions, concernant dans un premier temps la sécurité alimentaire et dans un deuxième temps les atteintes portées à l'environnement. Les pratiques agricoles modernes ont été rendues responsables d'une succession de crises de sécurité sanitaire, allant de la présence de dioxine dans la viande de poulet à l'apparition de la maladie de la « vache folle » due à des dérives dans l'industrie d'aliments pour bétail. Par ailleurs, la pollution des eaux de surface par les nitrates et les effluents d'élevage, l'épuisement des ressources hydriques souterraines dû aux pompages excessifs pour l'irrigation, ou encore la perte de biodiversité en raison du drainage des zones humides ou de l'arrachement des haies champêtres, sont autant de graves sources de préoccupations qui alimentent toujours plus le sentiment de défiance et les critiques envers le « productivisme » agricole, entendu ici comme les excès du processus de modernisation de l'agriculture.

Les défis à relever

Après avoir brillamment atteint les deux objectifs qui lui avaient été assignés au cours des décennies d'après-guerre, à savoir augmenter à la fois la production agricole et la productivité du travail, l'agriculture française est maintenant confrontée à des défis d'une tout autre nature. L'agriculture moderne a occupé une place centrale dans les succès passés. Elle peut également contribuer à la résolution des nouveaux problèmes émergents, à condition de réaliser d'importants ajustements. Ces nouveaux défis renvoient aux préoccupations sociétales exposées plus haut. Au-delà des questions concernant la sécurité alimentaire des aliments, d'autres aspects de la relation à l'alimentation sont apparus dans le débat, tels que le goût des aliments, l'authenticité des produits, voire l'identité culturelle dont ils sont porteurs, ce qui explique par exemple le succès rencontré par les Indications géographiques (IG) ou les produits issus de l'agriculture biologique. Au vu de cet élargissement du débat, l'autonomie des politiques agricoles, telle qu'elle est traditionnellement pratiquée au sein du marché commun européen, n'est probablement plus tenable. Le centre de l'attention doit être porté sur les filières entières, en y incluant l'industrie de la fourniture d'intrants agricoles, les producteurs, les transformateurs et les distributeurs. C'est dans ce contexte élargi que le rôle de l'agriculture moderne doit être repensé.

Les inquiétudes relatives à l'environnement, à un usage harmonieux des sols, à la qualité des campagnes, et plus généralement aux aménités du mode de vie rural ont abouti il y a quelques années à la définition du concept de multifonctionnalité.

Dans le même esprit, la Commission européenne a proposé et défendu l'idée d'un modèle agricole européen particulier, moins intensif et plus attentif aux nouvelles préoccupations sociétales. Cette proposition a donné lieu à des débats enflammés au sein de l'OMC et de l'OCDE qui dépassent le cadre de cette contribution. En somme, nous devons retenir qu'en France, comme probablement aussi dans les autres pays riches ayant conservé par de nombreux aspects le legs d'une culture agricole séculaire, l'agriculture doit désormais s'adapter aux nouvelles préoccupations sociétales, qui n'apparaissaient pas essentielles par le passé mais qui le sont devenues.

L'agriculture moderne a évidemment son mot à dire dans la recherche de solutions à ces nouvelles situations, simplement parce que beaucoup de réponses à ces problèmes passent par une utilisation intensive de savoirs ; or la science est assurément une source puissante de nouveaux savoirs et de nouvelles technologies. L'un des défis à relever sera de réussir à associer, pour mettre au point de nouvelles techniques et pratiques, le savoir scientifique moderne avec les sources de connaissances traditionnelles, souvent incorporées dans de vieilles traditions. À titre d'exemple, les produits bénéficiant de la protection d'une Indication géographique de provenance doivent respecter des normes locales en accord avec les traditions. Mais être en accord avec les traditions ne doit pas signifier figer à jamais les pratiques anciennes. De nouvelles pratiques, associant nouvelles technologies et traditions, doivent être constamment réinventées.

Trois débats
à clarifier aujourd'hui

La diversité des cas étudiés dans la partie précédente a bien illustré la variabilité et la complexité des phénomènes en jeu dans la modernisation de l'agriculture. Il faut donc, bien sûr, se méfier des jugements à l'emporte-pièce, à la fois sur ses avantages et sur les risques qu'elle implique. En un mot, tout discours général est suspect. Il faut pourtant bien se donner les moyens de comprendre et d'évaluer les grands débats actuels soulevés par la modernisation de l'agriculture, d'autant plus que certains d'entre eux font l'objet de vives polémiques. Tel est l'objet de cette dernière partie. Nous avons choisi trois thèmes particulièrement controversés : quelle place pour les organismes génétiquement modifiés ? Quel rôle pour les pesticides ? Quel risque de marginalisation économique et sociale des paysans pauvres ? Ces trois questions ne remettent pas en cause la contribution principale de la modernisation de l'agriculture dans le monde au cours des récentes décennies, à savoir l'accroissement de la productivité, mais elles suggèrent que cet accroissement a eu des conséquences, souvent involontaires mais très négatives, impliquant des coûts et des risques environnementaux et sociaux, inacceptables selon certains. Ces conséquences doivent être identifiées, reconnues et bien analysées afin d'apporter les corrections nécessaires et de ne pas répéter les erreurs du passé.

Les organismes génétiquement modifiés

Les passions soulevées en Europe, tout particulièrement en France, par la question des OGM en agriculture sont telles que tout discours se voulant distancié est immédiatement suspect. Dans la sphère politique, à droite comme à gauche, l'opposition aux OGM est devenue une condition *sine qua non* de légitimité des prises de position en matière de défense de l'environnement, comme l'illustrent, par exemple, les prises de position de Corinne Lepage ou de Nathalie Kosciusko-Morizet et de beaucoup d'autres. Développer ici un argumentaire à la fois synthétique et nuancé est donc une gageure. Essayons de relever ce défi… Pour cela, je prends le parti de proposer un discours simple[9], identifiant d'abord les risques soulignés par les opposants aux OGM, décrivant le développement des cultures OGM dans le monde depuis quinze ans malgré ces risques bien identifiés, analysant ensuite les trois principaux risques identifiés : pour la santé humaine, pour l'environnement et pour la marginalisation des plus pauvres. Tout ceci m'amènera à situer la question des OGM dans le domaine plus général de la gestion sociale et politique des risques et à proposer une posture intellectuelle et politique plus « raisonnable » que celle qui domine actuellement les débats sur le sujet en France et dans de nombreux autres pays, européens ou non.

---

9. C'est pour être simple et aller à l'essentiel que les paragraphes qui suivent comportent très peu de citations bibliographiques. Il y en a bien sûr un très grand nombre sur les sujets abordés, mais elles sont justement tellement abondantes et contradictoires que le jeu des citations peut devenir un instrument de rhétorique obscurcissant les débats au lieu de les clarifier.

Les trois principaux risques dénoncés par les opposants aux OGM concernent la santé humaine, l'environnement et les conséquences économiques et sociales de leur diffusion. Toute production d'OGM implique une « manipulation » génétique : l'introduction d'un gène étranger dans le patrimoine génétique naturel d'une plante ou d'un animal domestique, par exemple un gène venant d'un bacille dans le patrimoine génétique d'une plante, comme celui du coton *Bt* discuté ci-dessus dans le cas de l'Inde, où le gène venant de *Bacillus thurengis* qui confère au coton transformé une résistance aux insectes. Le résultat d'une telle transformation du patrimoine génétique ne peut jamais être entièrement prévisible. Et il existe donc un risque que des produits issus de la plante ou de l'animal ainsi transformés présentent un danger pour la santé humaine. En la matière, le risque le plus souvent avancé est celui d'allergies.

Le risque principal évoqué pour l'environnement est un risque de « contamination », comme on l'appelle communément, même si le mot contamination n'est pas rigoureusement exact. Il s'agit du transfert involontaire de gène(s) d'une plante cultivée OGM à d'autres plantes, cultivées ou sauvages, qui peuvent être fertilisées par du pollen venant de plantes OGM et se propageant dans l'atmosphère. Il s'agit bien d'un risque avéré, car nul ne peut totalement maîtriser les déplacements de pollen ; et la crainte principale est le transfert de caractères de résistance aux insecticides ou aux herbicides à des plantes sauvages, devenant ainsi dans les champs cultivés des adventices ou, plus généralement, des espèces invasives très difficiles à maîtriser.

Les risques économiques et sociaux, souvent avancés, relèvent de deux grands registres qu'il convient de bien distinguer. D'une part, le fait que les semences OGM aient été principalement développées dans le secteur privé et surtout qu'elles soient commercialisées par des entreprises, souvent multinationales, ayant un pouvoir de monopole très important est, en soi, une invitation à un abus de ce pouvoir de monopole. D'autre part, les progrès de productivité engendrés par les semences OGM, illustrés ci-dessus dans les cas de la Chine et de l'Inde, mais aussi des *Cerrados* du Brésil et du Middle West américain, sont tellement spectaculaires que le fossé entre ceux qui adoptent le nouveau paquet technologique associé aux semences OGM et ceux qui ne l'adoptent pas ne peut que se creuser davantage, et ceci très rapidement. Il y a donc un grand risque de marginalisation économique, et donc sociale, accrue des agriculteurs les plus pauvres. Les débats soulevés en Inde par les suicides des agriculteurs, évoqués ci-dessus, illustrent cette critique.

En revanche, ces critiques et ces risques doivent, bien entendu, être mis en rapport avec les avantages et les bénéfices que les OGM apportent aux sociétés humaines aujourd'hui et qu'ils sont susceptibles d'apporter dans l'avenir. Le fait que depuis quinze ans des millions d'agriculteurs, dans des pays aussi divers que les États-Unis, l'Argentine, le Brésil, la Chine et l'Inde, ont cultivé des centaines de millions d'hectares de cultures OGM doit être pris en compte. Un retour d'expérience est possible et, donc, nécessaire pour apprécier empiriquement les avantages et les coûts. Les raisons de l'adoption des semences OGM par les agriculteurs ont d'ailleurs fait l'objet de diverses recherches empiriques. Il est intéressant d'examiner les résultats de ces recherches. Il apparaît qu'aux États-Unis, le pays où les cultures OGM ont été adoptées le plus et depuis le plus longtemps, les agriculteurs indiquent trois raisons principales pour leurs décisions d'adoption : augmentation du rendement moyen, réduction de l'usage des pesticides et simplification de leurs pratiques de production. Mais les bénéfices varient beaucoup selon les cultures, les traits spécifiques apportés par les variétés OGM et les circonstances locales, ce qui est tout à fait conforme à tout ce que l'on sait par ailleurs sur l'adoption des innovations en agriculture et qui repose sur une littérature riche, ancienne et très abondante. Dans cette perspective, l'adoption des semences OGM apparaît dans bien des endroits comme très rapide. C'est en particulier le cas du coton *Bt* en Inde, qui semble constituer un record du monde en la matière.

C'est aussi pour les États-Unis que l'on dispose des estimations empiriques les plus abondantes sur la répartition des bénéfices de l'adoption de semences OGM[10]. Ces estimations suggèrent que les bénéfices économiques sont importants et que tous les participants de la filière sont bénéficiaires : les agriculteurs, les fournisseurs de la technologie, qui généralement sont les principaux gagnants, mais aussi les consommateurs du fait des baisses de prix des produits agricoles résultant de l'expansion de l'offre provoquée par la nouvelle technologie. Il apparaît en outre que la répartition des bénéfices varie beaucoup selon la situation, la variable clé en la matière étant, comme on pouvait s'y attendre, le prix de la licence *(technology fee)* que les semenciers font payer aux agriculteurs pour l'utilisation de semences OGM. De façon générale cependant, le fait que depuis bientôt quinze ans des millions d'agriculteurs dans le monde ont cultivé des centaines de millions d'hectares en utilisant des semences OGM, quand ils y avaient accès, suggère fortement que ces agriculteurs y ont trouvé un réel avantage. Sinon, ils auraient utilisé d'autres semences.

Les faits qui viennent d'être rapportés sur l'adoption massive de cultures OGM dans un certain nombre de pays n'ont pas convaincu les opposants à ces cultures de réviser leurs positions, peut-être même bien au contraire. Il convient donc d'examiner ici plus en détail les trois principaux risques mentionnés ci-dessus.

Le risque pour la santé humaine peut être illustré par un exemple, celui du débat récent sur l'autorisation éventuelle de la culture d'une aubergine transgénique, incorporant le

---

10. Voir par exemple Fernandez-Cornero et Casswell (2006).

même gène *Bt* de résistance aux insectes que pour le coton, en Inde. Paraphrasant Suman Sahai[11], une voix forte et respectée contre les OGM en Inde, le risque perçu est que perturber le patrimoine génétique d'une Solanacée (la famille botanique de l'aubergine, dans laquelle les toxines sont fréquentes) peut déclancher des mécanismes métaboliques en dormance, conduisant au développement de nouvelles toxines ou à la réapparition de toxines anciennes éliminées par la sélection des plantes réalisée au cours des générations successives depuis la domestication de l'espèce. Selon cet auteur, le concept d'équivalence substantielle, utilisé pour tester l'innocuité des produits issus de cultures transgéniques, n'est pas suffisant, car il n'inclut aucune procédure pour détecter l'apparition de changements inattendus ou involontaires tels que l'apparition de composants toxiques dans les cellules. Indubitablement, un tel risque est plausible et ne peut donc pas être totalement exclu, même si de nombreux biologistes pensent qu'il est très faible. Il nous semble cependant qu'il faut aussi prendre en compte le retour d'expérience des quinze dernières années de cultures OGM dans le monde. Aucune conséquence négative sérieuse pour la santé humaine n'a été rapportée. Si ça avait été le cas, elles auraient été largement exploitées par les opposants aux cultures OGM dans leurs campagnes de communication. On sait que beaucoup d'entre eux sont très sophistiqués en la matière.

Le risque de contamination génétique est lui, par contre, très largement reconnu. Des cas, empiriquement établis, de tels transferts ont été recensés au Canada, par exemple, où des champs de colza non transgéniques ont été contaminés par du pollen de colza transgénique cultivé dans le voisinage. Des procédures d'isolement et de « refuge » ont été élaborées pour éliminer ou au moins réduire ce risque. Ces procédures reposent

---

11. D'après son blog : <http://sumansahai-blog.blogspot.com/> (consulté le 23 novembre 2010).

sur des hypothèses concernant la circulation du pollen. Et ces hypothèses ne sont que cela ; elles ne peuvent pas garantir un risque nul. D'ailleurs, une controverse vieille de quelques années sur une éventuelle contamination génétique du maïs mexicain illustre bien la nature du problème et des débats qui l'entourent. Une équipe de chercheurs américains pensait avoir démontré la réalité d'un transfert de matériel génétique d'un maïs OGM vers des variétés de maïs traditionnelles, et peut-être même vers des espèces sauvages apparentées, voisines de l'espèce cultivée dans la zone de collines considérée comme la région d'origine de la domestication du maïs. Les controverses ont porté sur la solidité scientifique de ces résultats, pourtant publiés dans une revue scientifique réputée. Mais la leçon la plus importante pour mon propos n'est ni l'existence ni la violence de cette controverse. Le plus intéressant, à mes yeux, est que tous les protagonistes, même les défenseurs les plus convaincus des bénéfices des OGM, s'accordaient pour penser que la question n'était pas de savoir si une contamination génétique était possible ou s'était déjà produite, mais quand elle se produirait, tout un chacun étant convaincu qu'elle était inéluctable. Pour les partisans des OGM, la principale question devient alors d'abord comment minimiser ce risque, puis comment maîtriser au mieux les conséquences de la contamination lorsqu'elle se produit. Il se peut bien que la réponse à cette question implique de prendre de très grandes précautions dans les régions d'origine des espèces cultivées, comme pour le maïs dans certaines régions du Mexique.

Les risques économiques et sociaux ont, on l'a dit, une double dimension : le renforcement du pouvoir de monopole des grandes compagnies semencières et le risque de marginalisation des agriculteurs les plus pauvres, en particulier dans les pays pauvres. Le premier risque est avéré. Sa gestion relève de l'utilisation des instruments des politiques de lutte contre les monopoles, politiques initiées depuis longtemps dans les pays développés (aux États-unis, la première loi contre les monopoles, Sherman Act, date de 1890). Certes, les pouvoirs de monopole dans le cas des semences OGM sont souvent très forts et donc difficiles à contrôler. Des leçons utiles devraient cependant pouvoir être tirées des expériences de la Chine et de l'Inde en la matière.

Quant au risque de marginalisation des paysans les plus pauvres, il dépasse et il précède le cas des OGM. Concernant la question plus générale de la gestion des ressources génétiques pour l'agriculture, des débats et des négociations difficiles très longs ont eu lieu dans les années 1980 et 1990, aboutissant en 2001 à un traité international en la matière (Traité international sur les ressources phytogénétiques pour l'alimentation et l'agriculture). La question la plus importante pour notre propos ici a été celle de la reconnaissance du rôle traditionnel des agriculteurs individuels et de leurs communautés dans la conservation des ressources génétiques et l'amélioration des variétés végétales et des races animales au cours des siècles passés. Le premier conflit dans ces débats a opposé les sélectionneurs modernes, privés et publics, soucieux de protéger leur propriété intellectuelle, et les défenseurs des « droits des fermiers ». Le développement des biotechnologies a compliqué ces débats et négociations, car il a généralisé l'usage des brevets comme instrument de propriété intellectuelle au détriment des Certificats d'obtention végétale (COV), institués par les pays, principalement européens, signataires de la convention internationale appelée Union pour la protection des obtentions végétales (UPOV). Or le brevet étant un instrument légal plus contraignant que le COV, le développement des biotechnologies a accentué le mouvement d'appropriation privée des ressources génétiques pour l'agriculture. Le traité international de 2001 peut être interprété comme un compromis entre les différents points de vue, notamment parce qu'il accepte le principe du « partage des bénéfices » entre les différentes parties prenantes. Il faut bien reconnaître cependant que les conflits sous-jacents demeurent. Plus généralement, le risque de marginalisation des plus pauvres dû à l'adoption d'innovations entraînant une hausse de productivité concerne les semences OGM, bien sûr, mais il existe pour toutes les innovations, et il est donc inhérent au processus de modernisation. Je le discuterai spécifiquement dans la dernière section de ce chapitre.

Au total, le débat concernant l'intérêt et les dangers des cultures OGM relève directement de la gestion des risques par la société. Depuis *La société du risque* de Beck (2001) au moins, on sait que cette question est au cœur du fonctionnement des sociétés modernes et qu'elle est particulièrement complexe. Cet essai n'est pas le lieu approprié pour entreprendre une revue de la littérature abondante existant sur le sujet. Ce que je souhaite ici, c'est situer les débats et les controverses sur les OGM en agriculture dans ce cadre plus général afin de trouver des pistes pour sortir de la paralysie actuelle du débat public dans notre pays d'abord, mais aussi en Europe et parfois au-delà. Dans cette perspective, les problèmes soulevés par les OGM sont complexes pour deux raisons principales : d'une part, la répartition des bénéfices, des coûts et des risques est très inégale, comme le suggèrent les paragraphes précédents. D'autre part, la psychologie de la perception des risques par les consommateurs et les citoyens concernant la nourriture semble particulière[12]. Comment expliquer autrement la

---

12. «*The perception of genetically modified food is like the perception of any risk, a combination of the facts and how those facts feel, a mix of reason and gut reaction. GM food has several unique characteristics that psychologists have determined make some things feel scarier than others. It's human-made, and that alone makes it scarier than a risk that's natural. We're more afraid of what we can't detect ourselves, what we don't understand, and what we're exposed to involuntarily. We depend on the government to keep us safe, but we don't completely trust the government, and that lack of trust feeds greater worry (ergo the complaints about secrets)*».« La perception des aliments génétiquement modifiés est comme la perception de n'importe quel risque, une combinaison de faits et de comment on les sent, un mélange de raison et de réactions instinctives. Les aliments génétiquement modifiés ont plusieurs caractéristiques spécifiques. Or, selon les travaux des psychologues, de telles caractéristiques

différence radicale d'attitude vis-à-vis des médicaments d'une part et des aliments transgéniques de l'autre ?

Compte tenu des bénéfices potentiels des biotechnologies en agriculture, il ne me paraît pas sage de les exclure systématiquement, surtout si l'on prend en compte le fait que les développements observés au cours des années récentes ne représentent qu'une toute petite fraction des développements que l'on peut attendre au cours des prochaines décennies. Certes, les cultures OGM ne constituent qu'un type d'application des biotechnologies, et les autres applications possibles sont beaucoup moins controversées. Mais, même dans le cas des OGM, il me semble qu'un rejet systématique n'est pas raisonnable. Cependant, les trois principaux risques qu'ils impliquent, et que j'ai discutés, sont suffisamment graves pour qu'il faille les prendre en compte sérieusement et les gérer au mieux. Comme on l'a vu, les risques pour la santé humaine sont plausibles mais pas véritablement avérés à ce jour. Il me semble que l'attitude à adopter dans ce cas est d'être attentif aux éventuelles conséquences et prêt à réagir rapidement en cas de problème. Le risque environnemental de « contamination » est avéré, mais le « retour d'expérience », suite à près de quinze ans de culture d'OGM, est tel que jusqu'à maintenant aucune conséquence grave n'a été observée. L'attitude raisonnable en la matière me paraît être de mettre en œuvre les précautions en matière de refuge et d'isolement qui ont été préconisées, tout en reconnaissant que ces procédures n'assurent pas une élimination totale des risques. Mais, on le sait, le risque zéro n'existe pas, quel que soit le domaine

---

font que certaines choses sont ressenties comme plus terrifiantes que d'autres. Ces aliments résultent de l'activité humaine et cela déjà les rend plus menaçants qu'un risque naturel. Nous avons davantage peur de ce que nous ne pouvons pas détecter nous-mêmes, de ce que nous ne comprenons pas, de ce à quoi nous sommes exposés involontairement. Nous dépendons du gouvernement pour notre sécurité, mais nous n'avons pas entièrement confiance en lui et ce manque de confiance renforce nos peurs (d'où les plaintes sur les manques de transparence) » (Ropeik, 2010).

d'activité humaine envisagé. Enfin, en matière économique et sociale, le risque d'abus du pouvoir de monopole des sociétés semencières me paraît avéré et très sérieux. La sagesse en la matière me paraît être une grande vigilance des autorités de la concurrence et, plus brutalement en cas d'abus, le recours à la fixation autoritaire des prix pour les licences d'exploitation des variétés OGM que les sociétés semencières font payer aux agriculteurs. Comme indiqué ci-dessus, je discuterai plus tard le risque de marginalisation économique et sociale des agriculteurs n'adoptant pas, ou ne pouvant adopter, les variétés OGM là où leurs collègues le font massivement.

Enfin, il faut signaler un risque contraire, non mentionné ci-dessus mais qui devient de plus en plus préoccupant : la perte de compétitivité internationale des agricultures dans les régions où les OGM sont *de facto* interdits. L'exemple du Middle West américain, où les rendements du maïs continuent de progresser à un rythme qui s'est même accéléré au cours des années récentes, est tout à fait clair à cet égard. Ailleurs dans le monde, on l'a vu, le ralentissement de la progression du rendement moyen des céréales est un souci majeur. Sur le moyen et le long terme, un tel développement donne au Middle West américain un avantage compétitif qui risque d'être décisif. Certes, le progrès génétique du maïs américain ne peut être réduit à la seule diffusion des variétés OGM. L'industrialisation du processus de création de variétés nouvelles, résultant de la robotisation de certaines opérations clés, semble jouer un rôle crucial. Mais, en fait, tous ces développements sont liés. L'avenir des producteurs qui ne peuvent pas monter dans ce train de la modernisation est inquiétant.

Les pesticides

L'emploi des pesticides fait l'objet de controverses très vives à cause de deux types de considérations, tous deux indéniables mais contradictoires. D'une part, les pesticides sont très efficaces comme moyens de lutte contre les ennemis des cultures, des animaux et même des hommes. Cela en fait des instruments cruciaux de l'agriculture moderne. Mais, d'autre part, les pesticides peuvent avoir des conséquences très négatives pour l'environnement et la santé humaine, même si ces conséquences sont involontaires. L'abus ou le mauvais usage des pesticides a souvent eu des conséquences tragiques. Cette contradiction est au cœur des controverses, et elle est tellement radicale que l'on peut clairement identifier deux camps dans les débats publics relatifs aux pesticides. Bien sûr, la sagesse ne se retrouve pas dans une telle radicalisation des positions. Un consensus international s'est d'ailleurs dégagé au cours des décennies passées autour de positions beaucoup plus nuancées. Dans un premier temps, j'examinerai la nature de ce consensus. Cependant, comme l'existence du consensus n'a pas éliminé les controverses et comme deux camps, défendant des positions opposées, continuent de s'affronter, j'examinerai dans un deuxième temps les positions des uns et des autres, avant de proposer des pistes vers un nouveau consensus qui paraît souhaitable.

La première manifestation de l'existence d'un consensus a été l'interdiction des pesticides les plus dangereux. Cela n'a été possible que par l'action de gouvernements nationaux, fondant leurs décisions sur l'existence de normes élaborées au niveau international. Par exemple, de nombreux gouvernements interdisent l'utilisation de pesticides classés par l'Organisation mondiale de la santé (OMS) dans des catégories de produits nocifs. Cependant, même si elle est basée sur un consensus formalisé (par exemple la classification de l'OMS), la pertinence d'une telle décision n'est pas évidente. L'exemple de l'interdiction du DDT, un insecticide très dangereux et au demeurant peu utilisé en agriculture, peut éclairer cette question. L'interdiction a certes éliminé les effets nocifs provoqués par l'usage de cet insecticide, mais elle a aussi réduit l'efficacité des campagnes de démoustication et contribué à la relance du paludisme, une des maladies tropicales les plus meurtrières. Cet exemple montre bien la difficulté des décisions à prendre en matière d'usage des pesticides.

Une autre composante du consensus sur le bon usage des pesticides en agriculture est la préférence qu'il convient de donner au contrôle biologique lorsque cela est possible. La belle histoire de la maîtrise de la cochenille du manioc en Afrique, mentionnée dans le chapitre précédent, révèle bien l'intérêt de telles solutions. Les chercheurs de l'IITA (*International Institute of Tropical Agriculture*), institut international dont le siège est à Ibadan, au Nigeria, collaborant avec leurs collègues du CIAT (*International Center for Tropical Agriculture*), autre institut international basé à Cali, en Colombie, ont pu identifier un parasite naturel de cette cochenille du manioc dans le bassin de l'Amazone, région d'origine de la domestication du manioc, collecter ce parasite, le multiplier et jeter les bases scientifiques de sa dissémination par épandages aériens. Cet exemple illustre aussi le fait que le développement de telles procédures est très « intensif en connaissances » et limité par l'insuffisance des connaissances sur les ennemis naturels des ennemis des cultures. Cette limite a été la cause du développement et de la popularité de la lutte intégrée (IPM, *integrated pest management*), définie par la FAO comme « l'examen minutieux de plusieurs techniques de maîtrise des ennemis des cultures freinant le développement des populations d'organismes nuisibles aux cultures, tout en limitant l'utilisation des pesticides à des niveaux qui soient justifiés économiquement et sans danger pour la santé humaine et l'environnement. La lutte intégrée encourage [...] les mécanismes naturels de maîtrise des populations d'organismes nuisibles » (FAO, 2002). La lutte intégrée est aussi clairement une approche « intensive en connaissances ».

Finalement, l'existence du consensus est illustrée par plusieurs documents explicitant les politiques de plusieurs grandes organisations internationales en matière de pesticides. On sait en effet que l'absence de consensus paralyse ces organisations internationales. Ainsi, la FAO a diffusé un Code de conduite international sur la distribution et l'utilisation des pesticides, adopté dans une session officielle de son conseil en novembre 2002, suite à un processus d'élaboration impliquant toutes les parties prenantes, en particulier les représentants de l'industrie des pesticides. De même, la Banque mondiale a publié des instructions sur l'usage des pesticides à plusieurs occasions au cours des décennies récentes, la dernière version datant de 1998. De nombreux autres documents de politique en matière de pesticides ont été adoptés par diverses institutions et organisations internationales (pour une liste, voir IAASTD, 2009).

Quelles sont donc les controverses au-delà de ce consensus ? Pour les comprendre, il faut revenir aux deux camps, pour et contre les pesticides, mentionnés ci-dessus. Les premiers, qui incluent l'industrie des pesticides et de nombreuses organisations agricoles, soulignent les avantages et tendent à minimiser les risques. Ils soulignent par exemple que les pertes de produits après récolte sont considérables, en particulier dans les pays pauvres où l'utilisation des pesticides est limitée faute de moyens, principalement. En outre, ils ont tendance à souligner que le désir des consommateurs, en particulier dans les pays riches, d'avoir accès à des produits agricoles sans résidus de pesticides, n'est pas vraiment fondé scientifiquement. Après tout, il est possible que de faibles concentrations de produits chimiques dans les aliments aient des effets positifs, une hypothèse plausible corroborée par quelques observations empiriques (Trewawas, 2004). Ces mêmes acteurs pensent que le développement des nouveaux pesticides, moins nocifs pour la santé humaine et l'environnement, fait partie des solutions aux problèmes liés à la nocivité des pesticides existants. En outre, les représentants des grandes entreprises chimiques produisant les pesticides soulignent souvent que la plupart des problèmes se sont produits dans les pays en développement du fait du non-respect par les agriculteurs des bonnes pratiques qu'elles préconisent. Enfin, l'interdiction de diffuser les produits les plus dangereux dans ces pays n'est pas toujours respectée par certaines petites entreprises locales, moins respectueuses que les grandes multinationales des règles en vigueur.

Les critiques, notamment les grandes organisations non gouvernementales, convaincus que pour les firmes multinationales la motivation du profit l'emporte toujours sur tout ce qu'elles peuvent dire concernant leurs engagements éthiques, soulignent que ces compagnies ont fait pression, par un *lobbying* très actif, contre tous les contrôles stricts, ont freiné les recherches sur la lutte intégrée et se sont tu lorsque des gouvernements de pays en développement ont fait preuve de laxisme dans la mise en œuvre des règles de sécurité pour l'usage des pesticides, règles pourtant le plus souvent légitimées sur le plan international. En outre, soulignent-ils, le fait que de petites entreprises locales produisant et distribuant des produits génériques puissent être moins respectueuses des règles de sécurité que les multinationales reflète la tension, entre recherche du profit et conscience sociale, inhérente à toute entreprise privée. On est là dans une situation classique justifiant l'intervention publique, les forces du marché ne conduisant pas nécessairement à l'intérêt général optimal.

Les implications de ces controverses pour la modernisation de l'agriculture sont directes : il faut utiliser les pesticides intelligemment, c'est-à-dire développer des produits qui soient le moins nocifs possibles pour la santé humaine et l'environnement, élaborer et mettre en œuvre des pratiques d'utilisation en toute sécurité, mener des recherches sur les ennemis des cultures et des animaux domestiques afin de mieux les connaître pour les contrôler par la lutte intégrée. Le problème est que ces recommandations sont plus faciles à formuler qu'à mettre en place, notamment parce qu'elles requièrent l'implication active des agriculteurs, qui sont très nombreux et disséminés dans l'espace.

La marginalisation économique et sociale des paysans pauvres

La modernisation de l'agriculture implique-t-elle nécessairement l'élimination ou la marginalisation des petits paysans ? Répondre à cette question, déjà abordée ci-dessus, est l'objectif de cette section. Tout d'abord, il faut tirer les leçons des débats déjà anciens sur le sujet. Par exemple, à la fin du XIXe siècle et au début du XXe, une vive controverse agita les « socialistes », qu'on n'appelait pas encore marxistes à cette époque, sur « les tendances d'évolution de l'agriculture moderne », pour reprendre les mots utilisés par Kautsky lui-même, qui joua un rôle crucial dans ces débats.

À la fin du XIXe siècle, savoir si le statut économique de l'agriculture était spécifique, du fait de l'existence de petites exploitations agricoles, bien différentes des entreprises capitalistes observées dans les autres secteurs, constituait une question politique brûlante pour les socialistes. Marx lui-même semble avoir été convaincu qu'à terme l'exploitation paysanne disparaîtrait et que les rapports de production capitalistes (des patrons investis par le capital employant des travailleurs salariés) s'imposeraient en agriculture comme dans les autres secteurs de production. En 1900, Kautsky constate cependant : « La démocratie socialiste […] voit que la petite exploitation dans l'agriculture ne suit nullement un processus de rapide disparition, que les grandes exploitations agricoles ne gagnent que lentement du terrain, par endroits même en perdent. Toute la théorie économique sur laquelle elle s'appuie paraît fausse dès qu'elle s'applique à l'agriculture. Mais si cette théorie économique ne s'appliquait réellement pas à l'agriculture, il faudrait transformer non seulement la tactique suivie jusqu'à ce jour, mais les principes mêmes de la démocratie socialiste. » (Kaustsky, 1900) On ne peut pas mieux souligner l'enjeu politique de cette « question agraire » : si les lois économiques générales ne s'appliquent pas à l'agriculture, toute la stratégie du mouvement socialiste, qui rappelons-le se veut scientifique, devrait être mise en cause. Pour ce mouvement, une erreur théorique aussi majeure serait catastrophique. Et de fait elle l'a été.

Ces conceptions expliquent en effet l'attitude générale vis-à-vis de l'agriculture de la presque totalité des régimes socialistes ou communistes au XXe siècle. La collectivisation pratiquée généralement, et la liquidation des koulaks en URSS en particulier, ne peuvent s'expliquer que par la conviction qu'à terme l'industrialisation de l'agriculture, fondée sur les progrès scientifiques et techniques et les permettant, était inéluctable. On sait aujourd'hui qu'il s'est agi là d'une erreur stratégique majeure, ayant largement contribué plusieurs décennies plus tard à l'écroulement de ces régimes. Le contre-exemple chinois confirme ce propos : l'abandon des communes et le retour en 1979 au « système de responsabilité familiale », autrement dit pour l'essentiel à l'exploitation agricole familiale, a été la première réforme majeure à la base du développement économique spectaculaire de ce pays depuis cette date (Lin, 1989).

Les conséquences politiques des débats relatifs au statut de l'exploitation agricole familiale ont été moins dramatiques dans les pays occidentaux que dans les pays socialistes. Ces débats ont cependant été souvent vifs, occasions de controverses, et ils ont directement inspiré de nombreuses interventions publiques dans des domaines divers liés d'une façon ou d'une autre à l'agriculture. De façon générale, on peut noter le parallélisme des interventions publiques en agriculture dans les pays développés au XIXe siècle. Ainsi, par exemple, en France comme aux États-Unis, le souci de protéger les petits agriculteurs contre le pouvoir de monopole des marchands par le soutien à la création des syndicats et des coopératives, le développement du crédit agricole et celui des institutions agronomiques (enseignement et recherche) sont les caractéristiques principales des politiques agricoles de la seconde moitié du XIXe siècle. Notons en outre que cela est vrai aussi pour la plupart des pays européens et pour le Japon. Autrement dit, même si la question de choisir entre grandes exploitations à salariés et petites exploitations paysannes n'était pas au cœur des débats, les mesures prises étaient justifiées et souvent de fait inspirées par la nécessité d'aider les paysans. Certes de bons auteurs, notamment Augé-Laribé (1950), soulignaient que les grandes exploitations étaient les principales bénéficiaires de ces interventions publiques et que le soutien aux paysans relevait plus du discours démagogique que de la réalité. Cette critique très générale s'applique aussi, et peut-être plus fortement encore, aux mesures d'intervention sur les marchés qui se sont généralisées dans les pays riches après la fin de la Seconde Guerre mondiale. Mais il demeure que les pays capitalistes n'ont pas fait le choix délibéré de liquider la petite exploitation familiale ; on peut même affirmer que toutes les politiques mises en œuvre prenaient en compte son rôle dans la structure du secteur.

Pour les pays en développement, la supériorité économique de la petite exploitation sur la grande fait l'objet d'un consensus très large parmi les économistes agricoles s'intéressant à ces pays. Cette supériorité ne fait aucun doute lorsque le travail est abondant et le capital rare au niveau de l'ensemble de l'économie. Sur le plan théorique, c'est l'ouvrage de Theodore Schultz sur la transformation de l'agriculture traditionnelle (Schultz, 1964) qui marque la naissance de ce nouveau consensus. Cet ouvrage lui valut en partie l'attribution du prix Nobel d'économie en 1979. Schultz y démontre en effet que les petits agriculteurs traditionnels sont le plus souvent efficients, même s'ils sont pauvres. Ils sont efficients parce qu'ils utilisent efficacement les ressources rares auxquelles ils ont accès. S'ils peuvent paraître traditionnels, c'est parce qu'ils n'ont pas accès aux ressources qui leur permettraient d'exhiber la plupart des signes du modernisme, comme l'achat de nouvelles machines. Quant à l'absence d'adoption de nouvelles technologies, elle n'est pas le signe d'un traditionalisme, mais le reflet que la plupart de ces technologies sont inappropriées à la situation de ces agriculteurs pauvres, qui ne tirent qu'un maigre revenu des ressources dont ils disposent parce que celles-ci sont rares et qui ne peuvent pas prendre les risques d'échecs inhérents à l'adoption de toute innovation. Au total, il s'agit d'une véritable réhabilitation de la rationalité économique du comportement de ces petits exploitants familiaux.

Ce développement théorique a des conséquences pratiques importantes pour notre propos, surtout si on le rapproche d'observations empiriques portant sur plusieurs décennies et sur de nombreux pays, tout particulièrement en Asie : la modernisation de l'agriculture peut se produire dans des agricultures où les petites exploitations occupent une place prépondérante. On a vu ci-dessus qu'en Inde et en Chine la croissance de la production agricole avait été très rapide, plus que dans les pays développés, où les exploitations sont beaucoup plus grandes, sans être au demeurant typiquement capitalistes. Et très clairement, cette croissance a été basée sur l'adoption massive de pratiques issues du développement scientifique et technologique, la principale caractéristique de la modernisation de l'agriculture.

Quelles implications pour l'avenir tirer de ces réflexions portant sur l'expérience des décennies récentes ? Il convient de prendre en compte en premier lieu les perspectives démographiques. Selon les estimations de la FAO, on compte aujourd'hui des centaines de millions d'exploitations agricoles dans les pays en développement, soit plus de deux milliards de personnes dépendant entièrement ou partiellement des produits ou des revenus agricoles pour subvenir à leurs besoins. Pour leur grande majorité, ces personnes sont pauvres à tel point que même leur sécurité alimentaire n'est pas toujours assurée. Tout porte à croire que ces chiffres augmenteront au cours des prochaines années, voire des prochaines décennies. Certes, il est probable et même souhaitable que beaucoup d'enfants d'agriculteurs cherchent et trouvent un emploi dans d'autres secteurs d'activité économique, y compris par l'émigration hors des frontières nationales. Mais les perspectives démographiques sont telles que de toute façon l'emploi agricole devra augmenter en valeur absolue dans de nombreux pays. Le risque de marginalisation est donc bien réel mais, paradoxalement peut-être, seule la modernisation de l'agriculture, par l'accroissement de la productivité d'abord de la terre, mais aussi, on peut l'espérer, du travail, peut rendre possible un tel accroissement de l'emploi. Cela ne veut pas dire que tous les agriculteurs actuels et tous leurs enfants pourront trouver un emploi satisfaisant dans le secteur agricole. La modernisation nécessaire du secteur doit impliquer une transformation progressive de la structure du secteur à une vitesse qui dépendra de la création d'emplois dans les autres secteurs économiques. Remarquons ici que ce processus est exactement de même nature que celui qui s'est déroulé dans les pays développés au cours du XXe siècle, comme illustré ci-dessus dans le cas de la France.

Le mouvement récent « d'accaparement des terres » dans les pays en développement illustre *a contrario* les risques qu'impliquerait une transformation plus radicale de l'agriculture dans ces pays, transformation qui serait basée principalement sur des unités de production de grande taille. Chiffrer cet accaparement et en préciser la nature exacte, avec toutes ces variantes, n'est pas simple. Un rapport récent du Centre d'analyse stratégique (CAS), l'organisme qui a succédé au Commissariat au plan, citant les deux principales sources internationales sur le sujet, à savoir l'IFPRI (*International Food Policy Research Institute*) et la Banque mondiale, suggère que 15 millions à 20 millions d'hectares (soit l'équivalent de la surface agricole de la France, ou environ 1 % des terres cultivées dans le monde) auraient déjà été cédés à des opérateurs étrangers au cours des années récentes.

Il n'y a pas de doute que ces nouveaux investisseurs utilisent et utiliseront des techniques modernes de production agricole, contribuant ainsi à la modernisation de l'agriculture. Mais le risque évident de ces développements est bien celui de la marginalisation économique et sociale des paysans les plus pauvres, en particulier ceux qui utilisaient auparavant, souvent de façon très extensive, les terres vendues ou louées aux étrangers. Il y a en effet très peu de terres susceptibles d'être mises en valeur qui ne soient déjà utilisées à des fins de production agricole ou d'élevage. Les droits d'usage de ces utilisateurs autochtones, formels ou informels, ne sont pas toujours reconnus par les gouvernements traitant avec des investisseurs étrangers. Il semble même (*La Croix*, 26 juillet 2010) que l'ignorance de ces droits traditionnels soit beaucoup plus la règle que l'exception ! Dans de telles situations, le risque de marginalisation est avéré. Il résulte bien d'un processus accompagnant une modernisation de l'agriculture. Mais il faut souligner qu'une telle marginalisation n'est pas une fatalité. Elle résulte davantage de choix politiques des gouvernements en place, tout particulièrement en matière foncière. D'autres choix sont pourtant possibles, et nous pensons avoir montré que la modernisation de l'agriculture a été et reste compatible avec la promotion de la petite paysannerie.

En conclusion,
ne renonçons pas à moderniser l'agriculture mondiale

Indubitablement, les contributions de la modernisation de l'agriculture au progrès humain au cours des dernières décennies ont été cruciales. La plus grande réussite en la matière a été la croissance plus rapide de la production agricole que de la population, en particulier dans les pays en développement eux-mêmes. Même la performance de l'agriculture sub-saharienne, en se basant sur ce critère essentiel, a été honorable, bien supérieure à ce que l'on croit généralement. Il faut certes reconnaître que la modernisation de l'agriculture implique des risques, mais ceux-ci peuvent, et donc doivent, être gérés. Ces risques correspondent bien souvent à des conséquences involontaires du processus de modernisation lui-même. Des erreurs ont été commises dans le passé parce que certaines de ces conséquences involontaires auraient pu être prévues et, si cela avait été le cas, l'impact de ces conséquences négatives aurait pu être réduit. Le défi pour l'avenir est de faire mieux en la matière.

Reconnaître ces risques ne doit cependant pas occulter les bénéfices considérables que de nombreuses parties prenantes ont tirés de la modernisation de l'agriculture :
– des améliorations des régimes alimentaires, dues à une abondance relative de ressources alimentaires totales, avec pourtant une persistance de la faim et de la malnutrition dans de nombreuses régions du monde. Il faut cependant souligner que les problèmes de faim et de malnutrition seraient encore plus graves qu'ils ne le sont aujourd'hui si la production

agricole totale n'avait pas augmenté aussi vite. De fait, les causes principales des problèmes actuels de faim et de malnutrition sont la pauvreté et la répartition inégale des gains de la croissance. L'abondance générale de ressources alimentaires a permis à beaucoup de mieux profiter de la vie et de mieux réaliser leur potentiel en tant qu'êtres humains. Ces progrès qualitatifs seraient remis en cause si la croissance de la production agricole totale se ralentissait ;

– des bénéfices importants pour les consommateurs en matière d'amélioration de la qualité de vie, de réduction de la part des budgets familiaux consacrée aux dépenses alimentaires, permettant un accroissement des dépenses d'éducation, des soins de santé, etc. ;

– le maintien de l'environnement, en particulier par la réduction des processus de déforestation et d'extension de l'agriculture sur des terrains marginaux, ce qui aurait entraîné des pertes de biodiversité et la destruction d'habitats fragiles ainsi qu'une augmentation des pollutions de l'air et des eaux et un accroissement de la dégradation et de l'érosion des sols. Tous ces phénomènes négatifs se seraient en effet produits à un rythme accéléré en l'absence de l'intensification de l'agriculture en place, dont la modernisation est le moteur. *A contrario,* de nombreuses situations où l'agriculture traditionnelle n'a pas pu se moderniser et où la pression démographique croissante a entraîné de graves dégradations de l'environnement par la mise en culture de terrains marginaux, illustre ces avantages de la modernisation de l'agriculture ;

– l'amélioration de la sécurité sanitaire des aliments et la réduction des pertes de récoltes résultant de l'amélioration des techniques de transformation des produits agricoles en produits alimentaires ;

– une plus grande stabilité politique liée à l'abondance plus grande de ressources alimentaires, comme l'illustre *a contrario* la recrudescence des émeutes de la faim lorsque les ressources alimentaires sont rares et que leurs prix augmentent rapidement.

Au total, les leçons des dernières décennies sont claires : la modernisation de l'agriculture a permis des progrès considérables dans l'approvisionnement alimentaire à l'échelle mondiale et dans toutes les grandes régions du monde. Cette modernisation a eu des conséquences négatives, non désirées le plus souvent mais parfois sérieuses. Cette modernisation implique donc des risques qu'il convient de gérer. Rien n'indique cependant qu'une telle gestion soit irréaliste à l'avenir. Et comme le défi représenté par la nécessité d'augmenter la production agricole de quelque 70 % d'ici à 2050, tout en protégeant l'environnement, sera considérable, il est clair que la modernisation de l'agriculture demeurera une nécessité impérieuse. Et le principal défi auquel nous serons confrontés consistera à trouver les moyens d'intégrer dans les processus de modernisation les petites exploitations, à caractère familial le plus souvent, qui resteront largement majoritaires dans de nombreux pays en développement.

Références bibliographiques

ALSTON J.M., BEDDOW J.M., PARDEY P.G., 2009. Agricultural research, productivity, and food prices in the Long Run. *Science*, 325 (4), septembre 2009, 1209-1210.

ALVES E., DA SILVA E SOUZA G., BRANDÃO A.S.P., 2010. Porque caíram os preços da cesta básica ? *Revista de Política agricola*, (2), 15-20.

AUGÉ-LARIBÉ M., 1950. *La politique agricole de la France de 1880 à 1940*. Paris, PUF, 485 p.

BANQUE MONDIALE, FAO, 2009. Awakening Africa's sleeping giant: prospects for commercial agriculture in the Guinea savannah zone and beyond. World Bank-FAO-ARD, 4 p.

BECK U., 2001. *La société du risque. Sur la voie d'une autre modernité* (1re édition en langue allemande Frankfurt-am-Main, 1986). Paris, éditions Aubier, 521 p., collection Alto.

BLEIN R., SOULÉ B.G., FAIVRE-DUPAIGRE B., YÉRIMA B., 2008. *Les potentialités agricoles de l'Afrique de l'Ouest (CEDEAO)*, Fondation pour l'agriculture et la ruralité dans le monde (Farm), 116 p.

BROWN L., 1995. *Who Will Feed China: Wake-Up Call for a Small Planet*, Worldwatch Institute, Washington, 163 p.

BURNEY J.A., DAVIS S.J., LOBELL D.B., 2010. Greenhouse gas mitigation by agricultural intensification. In : *Proceedings of the National Academy of Sciences of the United States of America*, 29 juin 2010, 107 (26), 12052-12057.

CLAY J., 2004. *World Agriculture and the Environment : A Commodity-By-Commodity Guide To Impacts and Practices*. Washington DC, Island Press, 570 p.

COCHRANE W.W., 1958. *Farm Prices, Myths and Reality*. Minneapolis, University of Minnesota Press.

COTTON ADVISORY BOARD, 2009. Data available at <http://www.cotcorp.gov.in>, consulté le 3 avril 2009.

DIAS B.F.S., 1992. Cerrados: Uma Caracterizaçao. In : *Alternativas de Desenvolvimento dos Cerrados: Manejo e Conservaçao dos Recursos*

Naturais Renovaveis (B.F.S. Dias, ed), Fundação Pró-Natureza (Funatura) e Ibama, Brasilia, DF, Brazil, 11-25.

DUMONT R., 1946. *Le problème agricole français. Esquisse d'un plan d'orientation et d'équipement.* Paris, Les éditions nouvelles, 382 p.

FAO, 2002. Code international de conduite pour la distribution et l'utilisation des pesticides. Texte adopté par le Conseil lors de sa 123ᵉ session, 28 octobre-2 novembre 2002, FAO, Rome, 40 p.

FERNANDEZ-CORNEJO J., CASWELL M., 2006. The first decade of genetically engineered crops in the United States. *Economic Information Bulletin,* (11), USDA/ERS, Washington, 36 p.

FUGLIE K., 2008. Is a slowdown in agricultural productivity growth contributing to the rise in commodity prices ? *Agricultural Economics,* 39 (s1) : 431-441.

GOEDERT W.J., 1989. Região dos cerrados: potencial agrícola e política para o seu desenvolvimento. *Pesquisa Agropecuária Brasileira,* 24 (1) : 1-17.

GRANTHAM G.W., 1975. Scale and organization in French farming. *In: European Peasants and Their Markets* (W.N. Parker, E.L. Jones, eds), Princeton University Press, Princeton, p. 192-236.

GRAVIER J.-F., 1947. *Paris et le désert français.* Paris, Flammarion, 317 p.

GRUÈRE G., MEHTA-BHATT P., SENGUPTA D., 2008. *Bt* cotton and farmer suicides in India: reviewing the evidence. *IFPRI discussion papers,* n°808, International Food Policy Research Institute (IFPRI), 64 p.

GULATI A., 2010. The changing landscape of Indian agriculture. *Agricultural Economics,* 41 (s1), novembre 2010 : 37-45.

HAWKEN P., LOVINS A.B., LOVINS L.H., 1999. *Natural Capitalism: Creating the Next Industrial Revolution.* Boston, Little Brown and Co., 398 p.

HOHENBERG P., 1972. Change in rural France in the period of industrialization, 1830-1914. *Journal of Economic History,* 32 : 219-240.

HUANG J., ROZELLE S., 2006. The emergence of agricultural commodity markets in China. *China Economic Review,* 17 (3) : 266-280.

HUANG J., YANG J., ROZELLE S., 2010. China's agriculture: drivers of change and implications to China and the rest of the world. *Agricultural Economics,* 41 (s1), novembre 2010 : 47-55.

IAASTD (International Assessment of Agricultural Knowledge, Science and Technology for Development), 2009. Agriculture at a Crossroads : Global Report, Washington DC, Island Press, 590 p.

JAMES C., 2008. Global Status of Commercialized Biotech/GM Crops : 2008. Brief 39. ISAAA Briefs. International Service for the Acquisition of Agri-Biotech Applications, Philippines, 275 p.

JIN S., HUANG J., HU R., ROZELLE S., 2001. The creation and spread of technology and total factor productivity in China's agriculture. Working Paper, University of California Davis, décembre 2001, 32 p.

KAUTSKY K., 1900. *La question agraire. Étude sur les tendances de l'agriculture moderne.* Éditions V. Giard et E. Brière, 463 p., collection Bibliothèque socialiste internationale,

KIMBRELL A., 2002. *The Fatal Harvest Reader. The Tragedy of Industrial Agriculture.* Washington DC, Island Press, 384 p.

KIRDA C., MOUTONNET P., HERA C., NIELSEN D.R., 1999. *Crop Yield Response to Deficit Irrigation,* Kluwer Academic Publishers, Dordrecht, The Netherlands, 268 p.

LIN J., 1989. The household responsibility system in China's rural reform. In : *Agriculture and Governments in an Interdependent World* (A. Maunder, A. Valdes, eds), *Proceedings of the 20th International Conference of Agricultural Economits,* août 1988, Darmouth and Gower, Buenos Aires, 453-462.

MEA (Millenium Ecosystems Assessment), 2005. *Ecosystems and Human Well-Being,* Island Press, Washington DC.

MUELLER C.C., 1990. Políticas governamentais e a expansão recente da agropecuária no Centro-Oeste. *Pesquisa e Políticas Públicas,* 3 : 45-74.

MUELLER C.C., 2003. Expansion and modernization of agriculture in the Cerrado : the case of soybeans in Brazil's Center-West. Working Paper 306, University of Brasilia, 28 p.

NWEKE F.I., SPENCER D.S.C., LYNAM J.K., 2002. *Cassava Transformation : The Africa's Best-Kept Secret,* Michigan State University Press, East Lansing, MI, 273 p.

PAILLARD S., TREYER S., DORIN B. (coord.), 2010. *Agrimonde : scénarios et défis pour nourrir le monde en 2050.* Paris, éditions Quæ, 295 p.

PIMENTEL D., HARVEY C., RESOSUDARMO P., SINCLAIR K., KURZ D., MCNAIR M., Crist S., SHPRITZ L., FITTON L., SAFFOURI R., BLAIR R., 1995. Environmental and economic costs of soil erosion and conservation benefits. *Science,* 267 (5201) : 1117-1123.

QAIM M., SUBRAMANIAN A., NAIK G., ZILBERMAN D., 2006. Adoption of *Bt* cotton and impact variability: insights from India. *Review of Agricultural Economics,* 28 (1) : 48-58.

REZENDE G.C.D., 2003. Technological change and agricultural growth in the Brazilian Cerrado : a theoretical analysis. Working Paper, Institute of Applied Economic Research.

ROEHL R., 1976. French industrialization : a reconsideration. *Explorations in Economic History,* 13, 233-281.

ROPEIK D., 2010. How risky is it, really ? Why our fears don't always match the facts. *Psychology Today,* 28 juin, <http://www.psychologytoday.com/blog/how-risky-is-it-really> (consulté le 23 novembre 2010).

RUTTAN V., 1978. Structural retardation and the modernization of French agriculture: a skeptical view. *Journal of Economic History,* 38 (3) : 714-728.

SCHEID LOPES A., 1996. Soils under Cerrado: a success story in soil management. *Better Crops International,* 10 (2) : 9-15.

SCHULTZ T.W., 1964. *Transforming Traditional Agriculture,* Yale University Press, New Haven, 212 p.

SHIKLOMANOV I.A., 1998. World Water Resources and World Water Use. Data archive on cédérom from the State Hydrological Institute. State Hydrological Institute, St Petersburg, Russia, 40 p.

SMALE M., ZAMBRANO P., CARTEL M., 2006. Bales and balance : a review of the methods used to assess the economic impact of *Bt* cotton on farmers in developing economies. *AgBioForum,* 9 (3) : 195-212.

SOTH J., GRASSER C., SALERNO R., 1999. *The Impact of Cotton on Freshwater Resources and Ecosystems : A Preliminary Synthesis,* World Wildlife Fund, Zurich, Suisse, 48 p.

SPIELMAN B.Y., DAVID J., PANDYA-LORCH R., 2008. *Millions Fed : Proven Successes in Agricultural Development*, International Food Policy Research Institute (IFPRI), 32 p.

TREWAWAS A., 2004. A critical assessment of organic farming-and-food assertions with particular respect to the UK and the potential environmental benefits of no-till agriculture. *Crop Protection*, 23 : 757-781.

WESTHOFF P., 2010. *The Economics of Food: How Feeding and Fueling the Planet Affects Food Prices*. New Jersey, FT Press, Upper Saddle River, 247 p.

Photographie de couverture :
Crop circle-maker, Matthew Williams
@ Mark Berry, photojournaliste-designer.

Édition : Juliette Blanchet
Fichier préparé par Nicolas Perrier, société 4P
Imprimé pour vous par Books on Demand (Allemagne)